深圳东涌红树林及其生态修复工程

许恒涛 主编

U0396411

华南理工大学出版社
SOUTH CHINA UNIVERSITY OF TECHNOLOGY PRESS

·广州·

图书在版编目（CIP）数据

深圳东涌红树林及其生态修复工程/许恒涛主编. —广州：华南理工大学出版社，2022.7

ISBN 978 - 7 - 5623 - 7049 - 9

Ⅰ. ①深…　Ⅱ. ①许…　Ⅲ. ①红树林 - 沼泽化地 - 生态恢复 - 研究 - 深圳
Ⅳ. ①S718. 57

中国版本图书馆 CIP 数据核字（2022）第 088500 号

Shenzhen Dongchong Hongshulin Jiqi Shengtai Xiufu Gongcheng

深圳东涌红树林及其生态修复工程

许恒涛　主编

出 版 人：柯　宁

出版发行：华南理工大学出版社
　　　　　（广州五山华南理工大学 17 号楼，邮编 510640）
　　　　　http://hg.cb.scut.edu.cn　E-mail：scutc13@scut.edu.cn
　　　　　营销部电话：020 - 87113487　87111048（传真）

策划编辑：吴兆强

责任编辑：吴兆强

特约编辑：邓荣任

责任校对：洪　静

印 刷 者：广州小明数码快印有限公司

开　　本：787mm×1092mm　1/16　印张：10.75　字数：245 千

版　　次：2022 年 7 月第 1 版　2022 年 7 月第 1 次印刷

定　　价：50.00 元

编 委 会

前　言

红树是生长在热带和亚热带海岸潮间带的一类木本植物，以红树植物为主体的乔木或灌木组成的湿地木本植物群落称为红树林。红树林具有重要的生态、社会、经济价值，对于滨海地区生物多样性维持、海岸防护、促淤造陆、碳的固定等具有重要的生态意义。

中国红树林主要分布于广西、广东、海南、台湾、福建和浙江南部海岸，其中以广东省的分布面积最大。东涌红树林位于深圳市大鹏新区东涌社区东涌河口，现有天然红树林湿地 15 hm²，海漆是东涌红树林群落的优势种和建群种，形成了我国少有的面积较大的海漆林，每年的 4—6 月呈现出独特的彩叶红树林景观，极具观赏性，吸引了大批游客，带动了当地旅游业的发展。历史上因缺乏必要保护，红树林湿地被占用，海漆分布减少，个体数量也越来越少，尤其是幼苗少见，存在退化趋势。

红树作为深圳市市树具有深刻的寓意和文化内涵，体现深圳海滨城市和移民文化的特点，是深圳特区精神的象征。大鹏新区以生态立区，高度重视生态资源保护规划与建设工作，实施了东涌红树林湿地生态修复工程，由大鹏新区建筑工务署负责项目建设，在建设中践行生态保护理念，努力构建人与自然和谐共生的美丽城市，为深圳市生态安全提供有利的保障，拓宽红树林文化的传播途径。

本书由深圳市大鹏新区建筑工务署牵头组织各参建单位及广东海洋大学部分师生进行实地调查分析，以东涌红树林为研究对象，重点分析了东涌红树林湿地现状、红树林植物种类与群落分布以及红树林湿地生态修复工程，是一个展现生态景观保育与文化建设实践的生动案例。同时通过对东涌红树林现状的调查，摸清了家底，为更好地保护东涌特色海漆红树林提供原始记录和保障。本书旨在让读者了解东涌红树林和湿地，为东涌红树林湿地的后续管理和保育提供参考，为生态景观及其保护与修复的相关研究、实践提供指导，可供林学、风景园林学和规划学等专业的师生参考。

著　者

2022 年 7 月

目　录

第1章　红树林概况及现状 ……………………………………………………… 1

1.1　红树林特性 ………………………………………………………………… 1

1.2　红树林种类 ………………………………………………………………… 2

1.3　红树林功能 ………………………………………………………………… 2

1.4　红树林分布 ………………………………………………………………… 4

1.5　红树林保护现状 …………………………………………………………… 8

1.6　东涌红树林湿地概况 ……………………………………………………… 8

第2章　大鹏新区东涌社区概况 ………………………………………………… 16

2.1　区位概况 …………………………………………………………………… 16

2.2　交通概况 …………………………………………………………………… 17

2.3　气候概况 …………………………………………………………………… 18

2.4　水文概况 …………………………………………………………………… 18

2.5　地貌概况 …………………………………………………………………… 24

2.6　自然资源 …………………………………………………………………… 24

2.7　历史文化 …………………………………………………………………… 29

2.8　风景名胜 …………………………………………………………………… 29

第3章　东涌红树林植物种类及群落组成 ……………………………………… 32

3.1　东涌红树林湿地植物历史记录 …………………………………………… 32

3.2　东涌现有植物种类 ………………………………………………………… 34

3.3　东涌红树植物群落组成 …………………………………………………… 70

第4章　东涌红树林植物分布及多样性调查 …………………………………… 85

4.1　红树林湿地生态系列 ……………………………………………………… 85

4.2　红树植物群落分布 ………………………………………………………… 85

4.3　红树林湿地植物分布 ……………………………………………………… 86

4.4　样方的分布及其群落优势种组成 ………………………………………… 87

4.5　植物多样性 ………………………………………………………………… 89

4.6　东涌红树林湿地群落结构变化 …………………………………………… 93

第5章 东涌红树林湿地园生态修复工程 ···························· 94

  5.1 项目概况 ························ 94

  5.2 前期分析 ························ 94

  5.3 项目建设必要性及可行性 ·············· 101

  5.4 总体设计 ························ 102

  5.5 详细设计 ························ 105

  5.6 主要建设内容 ···················· 113

  5.7 建设过程 ························ 118

第6章 六位一体原生态防治一体化系统 ···················· 124

  6.1 项目简介 ························ 124

  6.2 项目现状 ························ 125

  6.3 解决方案 ························ 125

  6.4 技术应用 ························ 129

第7章 陆地森林－红树林湿地－海洋生态廊道工程技术范式 ········ 141

  7.1 陆地森林－红树林湿地生态廊道工程技术范式 ········· 141

  7.2 红树林湿地－海洋生态廊道工程技术范式 ··········· 143

第8章 东涌红树林的价值 ···························· 145

  8.1 生态价值 ························ 145

  8.2 社会价值 ························ 145

  8.3 经济价值 ························ 145

附录 东涌红树林照片集 ···························· 147

参考文献 ·································· 161

第1章 红树林概况及现状

1.1 红树林特性

红树林是生长在热带、亚热带海岸潮间带，受周期性潮水浸淹，由红树植物为主体的常绿乔木或灌木组成的湿地木本植物群落[1]。红树林主要由红树科植物构成，这类植物的祖先原本与陆地上的其他植物无异，只是在进入海洋边缘后，经过极其漫长的演化过程，加上潮涨潮落间海水的周期性浸淹，使这些植物群落富含"神奇"的单宁酸，一旦刮开树皮暴露在空气中，就会迅速氧化成红色，如图1-1所示，红树林之名便由此而来。

红树植物具有异常发达的根系，如图1-2所示。由于红树林生长的海岸环境风浪大，土壤泥泞松软且厌氧，为抵抗海浪的冲击，它们的支柱根从树干基部长出，牢牢抓住地面，形成了稳固的支架，使得红树林在风浪摧残中屹立不倒；为呼吸到足够的氧气，红树植物让部分根露出土壤，背地向上生长，形成了形态各异的呼吸根，如图1-2所示。呼吸根外表有粗大的皮孔，内部有海绵状的通气组织，从而提高了氧气和水分的输送。大多数红树植物的根系都有"拒盐"的本领，其特殊的"半透膜"体系能够过滤海水盐分，并从中吸收淡水。

图1-1 红树变红 图1-2 红树的呼吸根

红树植物具有泌盐能力，如图1-3所示。红树植物可以通过叶片的分泌腺体将含盐体液排出体外，水分蒸发后，叶片上会析出白色盐晶，以维持植物细胞的渗透压。

红树植物具有胎生繁殖现象。在果实成熟后，果实继续在母树上生长，萌生出胚轴，胚轴成熟后才会离开母树，利用重力作用扎入海滩的淤泥之中，几个小时后便生根，如图1-4所示。若掉落时正逢涨潮，胎苗便会随波逐流，其体内含有空气，可以长期在海上漂浮而不会被淹死，直到搁浅到海滩上，才开始扎根生长。它们独特的繁衍方式迅速占领海边的一方土地，经过几十年的时间，便会繁衍出一片红树林。

图1-3　红树泌盐

图1-4　红树胎苗

1.2　红树林种类

红树植物是指生长于特定环境下的一类植物，可分为真红树和半红树种类。大部分学者认同以生产特性和生物特征区分真红树植物和半红树植物，国际红树生态系统学会（ISME）将专一在红树林海滩中生长并可经常受到潮汐浸润的潮间带上的木本植物称为真红树植物；只在洪潮时才受到潮水浸润，在陆、海都可生长发育的两栖性植物称为半红树植物。

据统计，全世界共有红树植物24科30属83种（含12变种），其中真红树植物20科27属70种（含12变种）[2]。

1.3　红树林功能

1.3.1　生态功能

红树植物有发达的根系，使其能牢牢地扎根于滩涂上，因而红树林具有抵抗海浪和潮汐的冲击、护堤固滩、保护农田、降低盐害侵袭的作用，是沿海居民的生命线，也是天然的海岸保护线，被称为"海岸卫士"。

红树林是海洋鸟类最理想的天然栖息地，能为迁徙鸟类提供落脚歇息、觅食等一切优厚条件。

红树林是捕碳能手。据研究统计，每亩红树林的储碳量最高可达陆地森林的 10 倍，并可将其深深地储存在水下土壤中。红树林深扎于水中的根系、树干，成为螃蟹、鱼虾等小动物攀附和觅食的乐园，其落叶腐烂后，还会成为小鱼小虾的饲料。

红树林具有极强的消浪作用。张乔民等指出，在华南沿海地区，当红树林覆盖度大于 0.4，林带宽度大于 100 m，树高在小潮差区大于 2.5 m、在大潮差区大于 4.0 m 时，消波系数可达 80% 以上[10]。因此红树林减少了波浪对海岸的侵蚀，保护了沿岸土壤，同时减缓了水流速度，促进悬浮物和有机物的沉积，抬高滩涂，形成陆地。

红树林具有较好的防风功能。结构紧密的天然红树林在背风面林高 5 倍和 15 倍处的风速可降低 56% 和 30%[11]。红树林在沿海组成了一条坚实的海岸防风和消浪带，抗御着各种海洋灾害，保护着人民的生命和财产安全。

红树林可净化污水，防止海洋污染。红树林对过滤陆地径流和内陆带出的有机物及污染物起到一定净化作用，能通过多种方式把大量重金属污染物稳定于沉积物中，对海湾河口生态系统的重金属污染有着净化作用。

1.3.2 社会功能

红树林群落中有着多种多样的植物种类，呈现出独特外观的红树林。在水面上下形态各异的红树植物根系分布、出入莫测的底栖动物，使得红树林成为沿海独特壮观的风景地。涨潮时，海水几乎全部淹没红树林枝干，只露树冠，让红树林宛如海上"绿岛"；潮水退却时，栖息于红树林内种类繁多的鱼、虾、蟹、贝、浮游生物及鸟类纷纷出动，潮涨潮落间，生命不息，极具自然观赏价值。同时红树林也可作为科普教育场地，现存保育完善的红树林湿地几乎都已成为令人向往的旅游观光景点和天然环境保护宣教基地。

1.3.3 经济功能

保育良好的红树林湿地生态系统可以成为食品、药品、饲料、化工原料、造纸原料、香料、建材和薪炭林等的天然采收场，也可以适度用作无公害鱼虾和水禽的天然养殖场，提升其产品的产量和质量，从而提高其经济价值。还可以通过生态旅游，带动当地旅游业的发展。

真红树植物具有较强的药用功能，如红树树皮入药，可治肺虚久咳；角果木树皮捣碎可以止血、收敛、通便和治疗恶疮，种子榨油可以止痒；榄李叶片提取物具有较强的抗菌活性，可用于治疗鹅疮、湿疹和皮肤瘙痒等；老鼠簕的根可药用，用于治疗淋巴结肿大、急慢性肝炎、肝脾肿大等症状。半红树植物也是各具特色，如银叶树，花、叶和果实都具独特观赏价值，木材红色，材质优良，种子富含淀粉，可食用，亦可榨油；海檬（忙、芒）果，花香、果形奇特，是滨海地区优良的园林绿化树种，木材质地轻软，常用于制造箱柜、木屐等；钝叶臭黄荆，枝叶青翠、明亮光泽，适用于花坛美化、绿篱或盆景；水黄皮、黄槿、玉蕊等可形成独特的护岸林带。

1.4 红树林分布

1.4.1 世界分布范围

红树林分布于热带与亚热带纬度范围的河海岸线，分布于 113 个国家和地区，这些国家和地区大都位于地球的南北回归线之间[3]。按区域分为两大群系：东方群系和西方群系[4]。东方群系主要以亚洲、大洋洲海岸为主，种类丰富，其中以东方群系的印度－马来半岛地区多样性最为丰富；西方群系主要以北美洲、西印度群岛和非洲西海岸为主，种类较为稀少[5]。印度洋、西太平洋沿岸是红树林的主要分布区。全球红树林面积约 1700 万 hm²，巴西拥有 250 万 hm² 红树林，是世界上红树林面积最大的国家，其次是印度尼西亚，拥有红树林 217 万 hm²，第三是孟加拉湾，拥有红树林 100 万 hm²。

1.4.2 中国分布范围

我国红树林属于东方群系，现有红树林约 2.9 万 hm²。许多红树植物的生长需要周期性的潮水浸淹，故而我国红树林主要分布于波浪掩护条件和潮汐浸淹程度较为合适的港湾或河口湾内。在我国，红树林仅分布在广东、海南、广西、福建、浙江、香港、澳门和台湾等地，其中 90% 以上分布在广东、广西和海南，以广东省的红树林面积最大，主要分布于湛江、茂名、江门等，如图 1-5 所示。

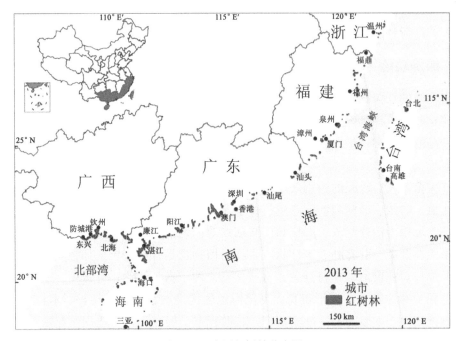

图 1-5 中国红树林分布图

中国红树植物种类有 21 科 26 属 38 种，其中真红树植物 12 科 15 属 27 种（含 2 杂交种，海南海桑 *Sonneratia hainanensis*、拟海桑 *S. paracaseolaris*；1 变种，尖瓣海莲 *Bruguiera sexangula var. rhymchopetala*；以及 2 个外来种，无瓣海桑、拉关木 *Laguncularia racemosa*），半红树植物 9 科 11 属 11 种[6]。如表 1-1 所示。

表 1-1 中国红树植物种类

科 名	种 名
真红树植物	
卤蕨科 Acrostichaceae	卤蕨 *Acrostichum aureum*
	尖叶卤蕨 *A. speciosum*
楝科 Meliaceae	木果楝 *Xylocarpus granatum*
大戟科 Euphorbiaceae	海漆 *Excoecaria agallocha*
海桑科 Sonneratiaceae	杯萼海桑 *Sonneratia alba*
	海桑 *Sonneratia caseolares*
	海南海桑 *Sonneratia hainanensis*
	卵叶海桑 *Sonneratia ovata*
	拟海桑 *Sonneratia paracaseolaris*
	无瓣海桑 *Sonneratia apetala*
红树科 Rhizophoraceae	木榄 *Bruguiera gymnoihiza*
	海莲 *Bruguiera sexangula*
	尖瓣海莲 *Bruguiera sexangula var. rhymchopetala*
	角果木 *Ceriops tagal*
	秋茄 *Kandelia obovata*
	红树 *Rhizophora apiculata*
	红海榄 *Rhizophora stylosa*
使君子科 Combretaceae	红榄李 *Lumnitzera littorea*
	榄李 *Lumnitzera racemosa*
	拉关木 *Lumnitzera racemosa*
紫金牛科 Myrsinaceae	桐花树 *Aegiceras corniculatum*
马鞭草科 Verbenaceae	白骨壤 *Avicennia marina*
爵床科 Acanthaceae	小花老鼠簕 *Acanthus ebracteatus*
	老鼠簕 *Acanthus ilicifolius*
茜草科 Rubiaceae	瓶花木 *Scyphiphora hydrophyllacea*

科　　名	种　　名
棕榈科 Arecaceae	水椰 *Nypa fruticans*
梧桐科 Sterculiaceae	银叶树 *Heritiera littoralis*
半红树植物	
莲叶桐科 Hernandiaceae	莲叶桐 *Hernandia sonora*
豆科 Leguminosae	水黄皮 *Pongamia pinnata*
锦葵科 Malvaceae	黄槿 *Hibiscus tiliaceus*
	杨叶肖槿 *Thespesia populnea*
千屈菜科 Lythraceae	水芫花 *Pemphis acidula*
玉蕊科 Lecythidaceae	玉蕊 *Barringtonia racemosa*
夹竹桃科 Apocynaceae	海杧果 *Cerbera manghas*
马鞭草科 Verbenaceae	苦郎树 *Clerodendrum inerm*
	钝叶臭黄荆 *Premna obtusifolia*
紫薇科 *Bignoniaceae*	海滨猫尾木 *Dolichandron espathacea*
菊科 *Compositae*	阔苞菊 *Pluchea indica*

1.4.3　深圳分布范围

深圳地处我国华南地区的广东南部、珠江口东岸，东临大亚湾和大鹏湾，西濒珠江口和伶仃洋，南隔深圳河与香港相连，北部与东莞、惠州两城市接壤。位于北回归线以南，东经113°43′至114°38′，北纬22°24′至22°52′之间。深圳的地理及气候非常适合红树林的生长，现有红树林面积167.6 hm²，主要分布在福田区、宝安区、南山区和大鹏新区的海岸、港湾、河口湾等受掩护水域处，如图1-6所示。其中福田区红树林分布于福田国家级自然保护区，包括天然林和人工林；宝安区红树林分布于海上田园国家湿地公园以及沙井镇-福永镇-西乡镇固戍海岸滩涂片区，以人工林为主；南山区红树林分布于深圳湾海边-前海西站海岸滩涂片区，以人工林为主；大鹏新区红树林分布于坝光海岸滩涂片区、新大大碰口河涌、鹿咀潟湖、东涌河以及西涌河口，以天然林为主。

图1-6 深圳红树林分布范围

（备注：1—海上田园国家湿地公园；2—沙井镇-福永镇-西乡镇固戍海岸滩涂片区；3—深圳湾海边-前海西站海岸滩涂片区；4—福田国家级自然保护区；5—坝光海岸滩涂片区；6—新大河涌；7—鹿咀潟湖；8—东涌河；9—西涌河口）

1.4.4 大鹏新区分布范围

大鹏新区位于深圳东南部，三面环海，东临大亚湾，与惠州接壤，西抱大鹏湾，遥望香港新界，自然地貌以滨海低山、丘陵为主。红树林主要分布于南部海岸的东涌河口、西涌河口，东部海岸的新大河涌以及鹿咀潟湖，东北部海岸的坝光海岸滩涂片区，如图1-7所示。

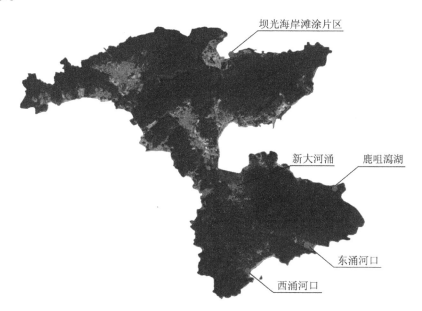

图1-7 大鹏新区红树林分布范围

1.5 红树林保护现状

专家估计，20 世纪 50 年代，我国红树林面积约 5 万 hm^2。此后的三四十年间，随着沿海地区经济社会的快速发展和人口的急剧增长，海洋资源开发强度日渐加大，海岸工程建设、围垦养殖、沿岸污染物排放等人类活动日益加剧，红树林大面积消失。20 世纪 70 年代沿海地区进行大量围海造田，80 年代初围垦养殖，80 年代末又围垦造地，导致红树林面积骤减，红树林及其生态环境遭到严重破坏。广东省是全国红树林分布面积最大的省份，从 1956 年到 20 世纪 90 年代初，红树林面积最高减少了将近 85 %[7]。

2001 年起，全国约 50% 的红树林划入自然保护区。《全国湿地保护工程规划（2002—2030）》《全国湿地保护"十三五"实施规划》《湿地保护修复制度方案》《全国沿海防护林体系建设工程规划（2016—2025 年)》等规划和文件相继出台，国家对红树林湿地生态修复的投入不断加大，我国红树林面积由 2000 年的 2.2 万 hm^2，增加到现在约 2.9 万 hm^2，新增 7000 hm^2，成为世界上少数几个红树林面积净增长的国家之一。根据 2019 年红树林专项调查结果，中国有红树林分布的自然保护地共 52 处（不包括港澳台），包括自然保护区、湿地公园、海洋特别保护区等类型。在这些保护地中，红树林面积为 15944 hm^2，占中国红树林的 55% 以上。从保护级别看，国家级自然保护地内的红树林有 9800 hm^2，占中国红树林面积的 34%；地方级自然保护地内的红树林有 6144 hm^2，占中国红树林面积的 21%。其中，广东与海南的红树林自然保护区数量最多，各级的自然保护区与保护小区都有分布。如今我国超过 50% 的红树林被纳入自然保护地范围，远远超过 25% 的世界平均水平。

1.6 东涌红树林湿地概况

1.6.1 东涌红树林湿地范围

根据谷歌地图信息及 2020 年 3—5 月的实地踏查记录和无人机影像分析，得出：现有东涌天然红树林湿地，如图 1-8 所示，图中旗杆关键拐点坐标分别为（经纬度数据来源自谷歌地图，下同）：

1：114.57607184 E，22.49479542 N；

2：114.57634006 E，22.49323974 N；

3：114.57694088 E，22.49302516 N；

4：114.57820688 E，22.49023566 N；

5：114.57743440 E，22.48952756 N；

6：114.57664534 E，22.4900691 N；

7：114.57377404 E，22.4904044 N；

8：114.57139090 E，22.4929028 N；

9：114.57643948 E，22.4903078 N；
10：114.57511698 E，22.49258528 N；
11：114.57311019 E，22.4944143 N；
12：114.57126349 E，22.4930664 N；
13：114.57263410 E，22.4948045 N；
14：114.57203780 E，22.49558935 N；
15：114.57067524 E，22.49538550 N；
16：114.56777845 E，22.49609361 N；
17：114.56785355 E，22.49630818 N；
18：114.57020670 E，22.4958962 N；
19：114.57219873 E，22.49603996 N；
20：114.57515989 E，22.49449501 N。

图 1-8　东涌红树林湿地及其主要拐点坐标分布

东涌天然红树林湿地范围，从东北角至西北角以东涌路为界，西端界至东涌河上游的东涌桥（东涌入村口道路西侧附近），南自东涌桥南侧沿人工湿地与红树林湿地接壤堤坝至海堤南侧并连海堤（大坝）北侧沿岸形成现有东涌红树林湿地范围。依据迈高图平台对东涌红树林湿地范围谷歌图进行测量的结果，现有红树林湿地周长 7192.65 m，红树林湿地面积共 15 hm²。湿地园调查汇总表见表 1-2。

表 1-2　东涌红树林湿地调查汇总表

湿地总面积/hm²	30	湿地斑块数量/个	5（包括人工湿地 2 和天然红树林湿地 3）
湿地类	面积/hm²	主要湿地型	面积/hm²
海岸红树林湿地	30	天然红树林湿地	15
		人工湿地（原养殖池塘）	15
湿地区分布	县级行政区：大鹏新区（东涌社区工作站） 中心点坐标：北纬 22°29′32.65″；东经 11°43′32.5″		
所属二级流域	无	河流级别	无
平均海拔/m	2	无	无
水源补给状况	1√地表径流　2 大气降水　3 地下水　4 人工补给　5 综合补给		
近海与海岸湿地	潮汐类型：1√半日潮 2 全日潮　3 混合潮	盐度/‰ 3～20	水温/℃ 8～30
土地所有权	1√国有　2 集体		
植物群落调查	植被类型及面积 （＊为真红树群落，#为半红树群落）	植被类型	面积/hm²
		海漆群落＊	2.39
		秋茄群落＊	0.72
		桐花树群落＊	0.15
		白骨壤群落＊	0.05
		老鼠簕群落＊	0.05
		黄瑾群落#	0.35
		苦郎树群落#	0.24
		露兜树群落#	0.02
		木榄群落＊	0.01
		草海桐群落#	0.01
		马甲子群落#	0.01
		合计	4.00

续表1-2

		中文学名	拉丁学名	科名
植物群落调查	优势植物	海漆	*Excoecaria agallocha*	大戟科
		秋茄	*Kandelia obovata*	红树科
		黄槿	*Hibiscus tiliaceus*	锦葵科
		桐花树	*Aegiceras corniculatum*	报春花科
		苦郎树	*Clerodendrum inerme*	马鞭草科
		白骨壤	*Avicennia marina*	马鞭草科
		老鼠簕	*Acanthus ilicifolius*	爵床科
		露兜树	*Pandanus tectorius*	露兜树科
		木榄	*Bruguiera gymnorrhiza*	红树科
		草海桐	*Scaevola sericea*	草海桐科
		马甲子	*Paliurus ramosissimus*	鼠李科

1.6.2　红树林林地小班划分及其分布

东涌天然红树林分布格局受地貌及东涌河影响,形成了大小不等的林地单元,将这些林地划分成各个林分小班可满足科学保护管理的要求。根据对现存红树林进行的调查和卫星影像图,将东涌红树林划分为11个小班,如图1-9所示,其中A区南岸有1号、2号、11号共3个小班,B区北岸有3号、4号、5号共3个小班,C区河心岛区有6号、7号、8号、9号、10号共5个小班。

图1-9　东涌红树林林地小班划分及其分布图

东涌红树林小班形态、大小、周长及面积如表1-3所示。11个红树林小班面积合计58757.82 m²，即约5.88 hm²，减去其中林地周边合计占总面积15%的裸地面积，红树林实际面积约为5 hm²。

表1-3 红树林湿地林地小班形态、面积和周长

小班号	形态图（蓝色区域）	面积/m²	周长/m
1		11000	1242
2		17295	1540
3		413.35	826.27
4		1765.24	591.67

续表 1 - 3

小班号	形态图（蓝色区域）	面积/m²	周长/m
5		3405.10	604.87
6		3065.02	258.42
7		2561.73	223.71
8		3854.91	317.40

小班号	形态图（蓝色区域）	面积/m²	周长/m
9	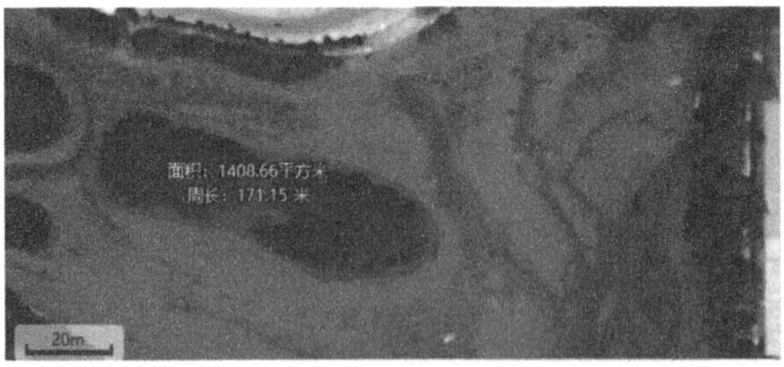 面积: 1408.66 平方米 周长: 171.15 米 20m	1408.66	171.15
10		6826.11	454.43
11		7162.7	892.44
合计		58757.82	7192.65

1.6.3 东涌红树林湿地面积的变化

东涌河南北西岸在人工围垦前，红树林湿地面积约为 34.6 hm²，其范围包括后来被围垦的东涌河南岸人工池塘 15 hm²，现有东涌河道天然红树林湿地 15 hm²，以及后来被围垦的东涌河北岸人工池塘 4.6 hm²。2011—2020 年，东涌红树林湿地面积约为 30 hm²。其范围包括现有东涌河南岸人工池塘 15 hm²、现有东涌河道天然红树林湿地 15 hm²。

2002 年至 2010 年间出现逐步将东涌路北侧完整的人工湿地（面积约 46391.1471 m²，如图 1-10 中红色圈出区域）约为 4.6 hm²。这片区域被切割成小块，围塘发展养殖。2010 年开始填土造陆，2015 年该区域湿地完全消失，变成了高层住宅小区，也就是现在的东涌安置小区，其中，2015 年之后在没有继续填土造陆的情况下，在北岸东涌路东观景台有明显新生长起来的红树林幼林。

东涌河南北西岸在人工围垦前，东涌红树林林地面积估算大于 15 hm²。在天然湿地转变成人工湿地后至 2015 年间，东涌红树林林地面积约为 3 hm^2。2015—2020 年，东涌红树林林地面积约为 5 hm^2。

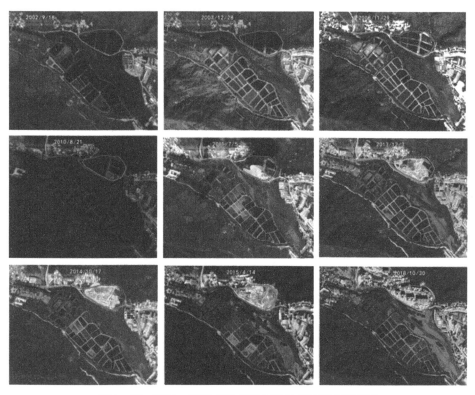

图 1-10 2002—2018 年的东涌红树林谷歌历史影像图

1.6.4 东涌红树林湿地面积变化原因

首先，发展水产养殖导致围垦天然红树林湿地为池塘人工湿地，转变了湿地利用类型，原有天然红树林湿地类型消失约 57%，原有天然红树林林地面积消失约 30%。

其次，北岸东涌路的修建及居民区建设，导致原有红树林湿地被围垦后的北岸人工湿地类型消失，东涌红树林湿地面积因围垦造陆消失 13%。

第三，水库建设，河道淤积，东涌水库建设过程中上游水土流失导致河道淤积，河道浅滩增加，利于红树林生长，红树林植物尤其秋茄和白骨壤天然更新，红树林林地面积得到扩张，也有记录当地村民自发在观景台外裸滩开展过秋茄种苗种植，因此，2015年之后东涌红树林湿地新增了约 2 hm^2 的幼林林地面积。

第四，南岸泄洪沟开挖及生态旅游项目建设和人工捕捞等对东涌红树林湿地面积及林地面积也产生一定的负面影响。

第2章 大鹏新区东涌社区概况

2.1 区位概况

东涌社区（以下简称为"东涌"）位于深圳大鹏半岛最南端，如图2-1、图2-2所示，其地处大鹏湾和大亚湾分界处，与大、小三门岛隔海相望，隶属于深圳市大鹏新区南澳办事处，总面积23.6 km²。其东、南两面均临南海，西面与西涌相连，北倚深圳第二高峰七娘山。离市中心七八十公里，现有一条东涌路与外界连通，交通条件一般。东涌由6个自然村组成，村里本地人不到500人，村民曾以养殖业和捕鱼为生，目前以旅游业为主。周边为丘陵地貌，自然环境优美，无工农业污染，成为深圳这个大都市中的"桃花源"。

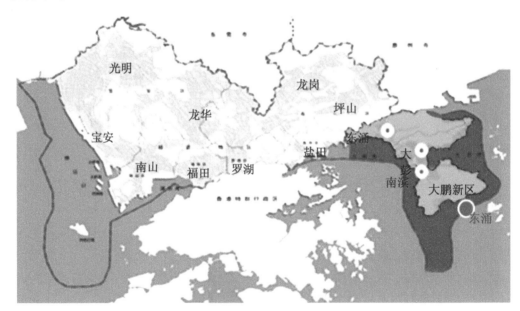

图2-1 大鹏新区东涌社区区位图

图 2 - 2 大鹏新区地形

2.2 交通概况

东涌距离西涌直线距离约 4.6 km，距离大鹏镇约 23 km。交通方式为自驾或乘坐公交。可从深圳市区乘坐快线 E11 到南澳，或从龙岗区乘坐 818 或 833 路公交到大鹏中心，再乘坐 M231 路公交到东涌。另可在福田交通枢纽中心（福田汽车站）乘坐 E26 路到大鹏中心转 M231 路公交至东涌，图 2 - 3 为大鹏中心至东涌社区自驾路线图，图 2 - 4 为东涌社区地图。

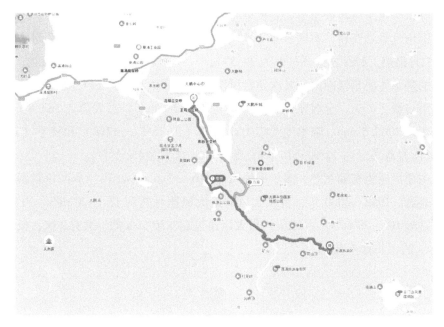

图 2 - 3 东涌社区自驾路线图

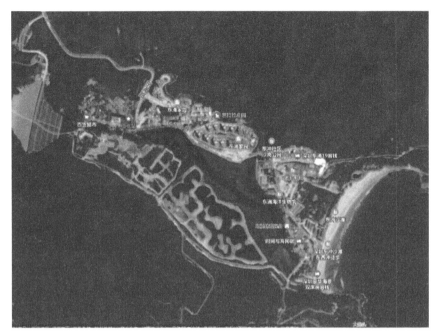

图 2-4　东涌社区地图

2.3　气候概况

深圳地处亚热带地区，属南亚热带季风气候，由于受海陆分布和地形等因素的影响，气候具有冬暖而时有阵寒、夏长而不酷热的特点。雨量充沛，但季节分配不均、干湿季节明显。春秋季是季风转换季节，夏秋季有台风。

根据深圳气象站资料，本区多年平均气温为 22.0℃，1 月最冷，月平均最低气温为 11.4℃；7 月最热，月平均最高气温为 29.5℃。

本区的降水主要是锋面雨，其次是台风雨。平均降雨日数为 144 天，其中暴雨日数 9 天，大暴雨日数 2.2 天，全区平均最大暴雨量为 282 mm/d，最大值达 385.8 mm/d，历年平均降水量 1966.5 mm。降水主要集中在夏季（占 45% ～47%）和秋季（占 34% ～36%），其次是春季（占 12% ～16%），冬季为旱季（占 4%左右）。

全年主要风向为东和东北，多年平均风速 2.6 ～3.6 m/s。由于本区位置濒海，台风的影响较显著。1952—2000 年，台风大风的最大风速可达到 11 ～20 m/s，占 80%，极大风速可达到 10 ～29 m/s，占 82%。最大风速也有 >30 m/s 的，共有 2 次；极大风速也有 >40 m/s 的，共有 4 次。

2.4　水文概况

深圳市的河流分别属于南、西、北三个水系。以海岸山脉和羊台山为主要分水岭，南部诸河注入深圳湾、大鹏湾、大亚湾，称为海湾水系；西部诸河注入珠江口伶仃洋，称珠江口水系；北部诸河汇入东江或东江的一、二级支流，称为东江水系。东涌河流属于海湾水系，东涌河入海注入大鹏湾。东涌水库坐落在东涌河上游，从东涌水库坝下至入海口，河道长度约 1.8 公里，东涌水库已基本建设完成，目前还未投入运行。

根据深圳市气象局资料，大亚湾附近（近三年）最高潮水位为 3.41 m（高程），最低潮水位为 0.01 m（高程），平均潮水位为 1.7 m（高程）。受入海口断面小，中游断面大，沙滩、水闸等影响，河道内和湿地区潮位达不到外海潮位高程，且偏差较大。

海水潮位变化实际值直接影响红树的适合种植区，为取得真实潮位情况，大鹏新区建筑工务署组织东涌红树林湿地园项目各参建单位于 2021 年 4 月至 9 月开展实地观测及研究，也为后续东涌红树林生态环境科学研究提供科学依据。

（1）观测点设置：根据东涌河及湿地园现状，选取了 10 个观测点。观测点采用普通钢管，外贴刻度标。各点位置及坐标如表 2 - 1 及图 2 - 5 所示。

表 2 - 1　潮位观测表

点号	1	2	3	4	5	6	7	8	9	10
位置	入海口位置	水闸下游	水闸上游	湿地区入口	左支流入口	河道转弯处	人行桥位置	湿地区中央	湿地区右下角	湿地区右上角
标高	-0.4	-0.17	0.4	0.45	0.38	0.41	0.63	0.78	0.6	0.6
坐标	12526.021	12885.406	12595.739	12955.838	13148.794	13284.841	13301.443	13042.128	12899.039	12805.598
	168781.373	168597.197	168585.452	168257.966	168404.917	168074.447	167724.716	168052.882	168234.297	168204.625

图 2 - 5　观测点总平面布置

（2）基准点选择：采用微信小程序潮汐表精灵作为外海潮位基准点，定位选择在东涌沙滩外海域，大亚湾、惠州港、大鹏湾等基准点作为参考。

（3）观测精度：因水体流动、水面波动等因素影响，数据无法过于精确，数据以 cm

为单位进行记录。降雨期间上游河道来水较多，河道内水位较高，影响潮位变化，因而降雨期间观测数值无法反映真实潮位值，一般以降雨结束后约第三天后至上游来水稳定且较少时的观测值作为科学数据。

（4）观测过程：观测从 2021 年 5 月 1 日开始，至 2021 年 9 月 30 日。一个月为一周期；因专业性问题，本次主要测量每天最高潮位时，经潮位分析，每月初一至初三、十五至十七为天文高潮位，选取初一至初二、十五至十六作为重点观测日，根据外海潮位值选择最高潮位时，对各点进行观测。

因每个点最低潮位受区域地形限制，均至死水位。

特征时间一：2021 年 9 月 7 日，如图 2-6 所示，观测潮位数值如表 2-2 所示，现场实景照片如图 2-7 至图 2-13 所示。

表 2-2　特征时间一：观测潮位数值

点号	1	2	3	4	5	6	7	8	9	10	外海高程
实测高程/m	1.21	1.23	1.22	1.17	1.21	1.22	1.17	1.18	1.17	1.17	2.5

注：2021 年 9 月 7 日（农历八月初一）9：40 分，天文大潮日，当日最高潮位时段。

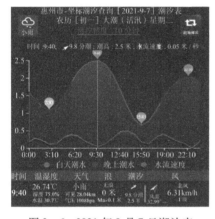

图 2-6　2021 年 9 月 7 日潮汐表

图 2-7　入海口高潮位

图 2-8　水闸下游河道高潮位

图 2-9　水闸高潮位

图 2 - 10　中游河道高潮位

图 2 - 11　下游河道高潮位

图 2 - 12　湿地区高潮位

图 2 - 13　湿地区内侧高潮位

特征时间二：2021 年 9 月 22 日，如图 2 - 14 所示。观测潮位数值如表 2 - 3 所示。

表 2 - 3　特征时间二：观测潮位数值

点号	1	2	3	4	5	6	7	8	9	10	外海高程
实测高程/m	1.03	1.04	1.03	0.92	0.99	1.00	0.96	0.91	0.89	0.90	1.91

注：2021 年 9 月 22 日（农历八月十六日）10：38 分，天文大潮日，当日最高潮位时段。

辛丑［牛］年八月十六日 星期三 大活汛
触摸下面的黄色区域质量会显示潮汐信息

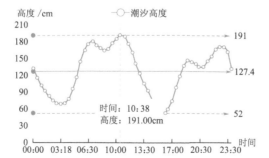

图 2 - 14　2021 年 9 月 22 日潮汐表

特征时间三：2021年7月25日。观测潮位数值如表2-4所示。

表2-4 特征时间三：观测潮位数值

点号	1	2	3	4	5	6	7	8	9	10	外海高程
实测高程/m	1.82	1.82	1.64	1.74	1.63	1.52	1.66	1.71	1.75	1.76	2.15

注：2021年7月25日（农历六月十六日）7：00，天气暴雨，7月24日也为暴雨。

退潮后现场照片如图2-15～图2-22所示。

图2-15 入海口低潮位

图2-16 水闸下游河道低潮位

图2-17 湿地区低潮位

图2-18 下游河道低潮位

图2-19 水闸以上河道低潮位

图2-20 水闸低潮位

图 2-21 中游拱桥段河道低潮位　　　　图 2-22 中游东涌路桥段河道低潮位

沙滩段河道及水闸位置如图 2-23 所示，现场照片如图 2-24、图 2-25 所示。

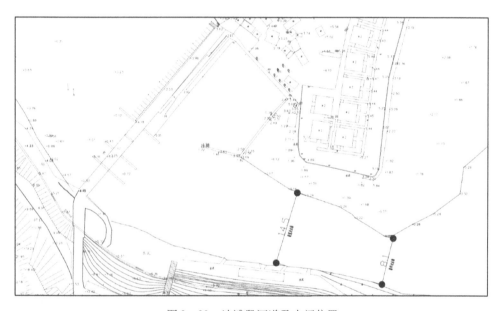

图 2-23 沙滩段河道及水闸位置

图 2-24 沙滩段河道　　　　　　　　图 2-25 水闸

（5）观测成果：经现场实测分析，各区域最高潮位特征值为：湿地区 1.17 m，水闸区 1.23 m，下游敞开区 1.22 m，中游社区工作站段河道 1.17 m。各区域最低潮位受河道河床淤积影响，高程为此区域死水位或淤泥基底。

上游河道汇集降雨对河道水位影响明显。湿地区主要无其他外来水源补充，在强降雨和高潮位共同叠加期间才会产生超常规高水位。

经分析，河道及湿地区高潮位明显低于外海潮位的最主要原因是：入海口处沙滩位置只有 8.1 m 宽，河口有流动沙堆，形成明显瓶颈，导致潮水顶托进入河道的水量明显减少，而水闸上游河道较宽，形成潟湖，导致潮位明显偏低。

湿地区内最高潮位比外海最高潮位延迟约 5 分钟，上游 7 号点最高潮位比外海最高潮位延迟约 5 分钟，反映出目前湿地区与河道水体交换基本满足涨落潮需要。因湿地区和河道连通靠中间约 15 m 宽开口，依靠上下游各 2 根 80 cm 混凝土管进行连通，制约了湿地区与河道水体同步及等量交换，造成湿地区最高潮位低于河道最高潮位约 5 cm。

2.5 地貌概况

大鹏新区出露的地层多样，岩性主要为沉积岩类，包括早石炭纪、晚三叠纪、早侏罗纪、晚侏罗纪、早白垩纪、晚白垩纪等年代的地层；在边缘外围出露有少量花岗岩类，为燕山期第三期侵入岩，岩性和构造的不同，导致了地形也较为复杂多样。岩性较软的泥质页岩和砂质页岩，易遭风化侵蚀，形成以低山和低丘为主的地形，且往往坡度较缓，土层较厚。岩性较硬的砾岩、砂岩及花岗岩等，抗蚀性也较强，常常形成较为高大陡峭的山峰。各山峰由于切割作用和重力崩塌作用，形成较多沟谷，为大鹏新区各水库提供了水源。

2.6 自然资源

2.6.1 植物资源

目前，深圳全市记录到维管植物 206 科 928 属 2086 种，本土野生种 199 科 858 属 1916 种，本土陆域野生脊椎动物 41 目 142 科 585 种，森林面积 788.16 km²，森林覆盖率 39.78%。

大鹏半岛历来以其丰富的自然资源著称，大鹏新区森林覆盖率达到 77.58%，有野生植物 1656 种，占深圳市的 70%、全省的 26.4%。其中排牙山和七娘山生物资源非常丰富，具有发育完好的南亚热带常绿阔叶林，并且在部分海岸地带保存有较大面积的半红树林以及真红树林。

东涌具有丰富的原生红树林系统，主要分布在东涌的内湾、西侧的鱼塘滩区、部分河心岛等区域，其中真红树 6 种：海漆（*Excoecaria agallocha*）、桐花树（*Aegiceras corniculatum*）、白骨壤（*Avicennia marina*）、秋茄（*Kandelia candel*）、木榄（*Bruguiera gymnorrhiza*）、老鼠簕（*Acanthus ilicifolius*）；半红树 9 种：草海桐（*Saevola sericea*）、露兜树（*Pandanus tectorius*）、黄槿（*Hibiscus tiliaceus*）、杨叶肖槿（*Thespesia populnea*）、苦郎树（*Clerodendrum inerme*）、钝叶臭黄荆（*Premna obtusifolia*）、阔苞菊（*Pluchea indica*）、马甲子（*Paliurus ramosissimus*）、海芒果（*Cerbera manghas*）。海漆是东涌红树林群落的优势种和建群种，形成了我国少有的面积较大的海漆林。在每年的 4—6 月花果期会出现多彩红树林景观并吸引大批游客，极具观赏与生态保育价值。

　　坝光古银叶树群落位于大鹏新区葵涌街道坝光盐灶村，是以银叶树（*Heritiera littoralis Dryand*）为单优种群的群落，是我国乃至世界上迄今为止发现保存最完整、树龄最大的天然古银叶树群落，林相完整、树冠浓密整齐，其中树龄超过 500 年的银叶树有 1 棵，树龄 200 年以上的有近 30 棵，为深圳市重要的古树名木，如图 2 - 26 至图 2 - 37 所示。其连同周边的秋茄、白骨壤、桐花树、海漆、木榄等其他红树构成了湿地生态区，是宝贵的自然财富，具有极高的生态和科研价值。银叶树，梧桐科银叶树属，常绿大乔木，因叶子背面呈银灰色而得名，具发达的板状根，圆锥花序腋生，花小，红褐色，花期春夏季，坚果木质，背部有龙骨状凸起，果期秋冬季，主要分布于高潮线附近少受潮汐浸淹的红树林内缘，以及大潮或特大潮水才能淹及的滩地，也可以在完全不受潮汐影响的地段生长，属于典型的水陆两栖的半红树植物。银叶树树型优美，深绿色的叶面与银白色的叶背相辉映，夏季有红花相衬，是红树林的主要造林树种和中国热带、南亚热带滨海地区城乡绿化美化的乔木型景观树种。

图 2 - 26　银叶树成熟果实　　　　　　　　图 2 - 27　银叶树幼苗

图2-28 银叶树小苗

图2-29 银叶树大苗

图2-30 银叶树古树

图2-31 银叶树古树群落

图2-32 银叶树群落1

图2-33 银叶树群落2

图 2-34 银叶树叶片

图 2-35 银叶树叶背

图 2-36 银叶树板状根 1

图 2-37 银叶树板状根 2

2.6.2 动物资源

东涌社区的动物资源主要包括鱼类、两栖类、爬行类和鸟类动物，同时有少量的哺乳类动物。

（1）鱼类：在实地调查中，发现该区域的鱼类较为丰富，尤其是因地处入海口，有较多海水鱼活动，淡水鱼包括有鳉形目的食蚊鱼（Gambusia affinis），该种现已被世界自然保护联盟（IUCN）列入世界最危险的一百种入侵物种名录中，同时也是深圳最常见的入侵鱼类。该区域也有罗非鱼等养殖鱼类。

（2）两栖类：调查范围内有季节性水体，同时也靠近水库等大型水源地，在该区域内分布、迁徙运动的两栖动物主要有黑眶蟾蜍（Bufo melanostictus）、泽蛙（Fejervarya limnocharis）、饰纹姬蛙（Microhyla ornata）等蛙类。

（3）爬行类：该区域内的爬行动物主要为蜥蜴类和石龙子类，蛇类较少。主要物种包括红脖游蛇（Rhabdophis subminiatus）、宁波滑蜥（Scincella modesta）、中华石龙子（Eumeces chinensis）、变色树蜥（Calotes versicolor）、南滑蜥（Scincella reevesii）等。

（4）鸟类：在实地调查中发现，鸟类的优势种群为林鸟，主要为留鸟，数量最大的为斑文鸟（Lonchura punctulata），兼有少量白腰文鸟（Lonchura striata）集群活动。其他包括白喉红臀鹎（Pycnonotus aurigaster）、黑领椋鸟（Sturnus nigricollis）、白头鹎（Pycnonotus sinensis）、红耳鹎（Pycnonotus jocosus）、暗绿绣眼鸟（Zosterops japonicus）、麻雀（Passer montanus）、珠颈斑鸠（Streptopelia chinensis）、大山雀（Parus major）、长尾缝叶莺（Orthotomus sutorius）等，如图 2 - 38 ～ 图 2 - 43 所示。同时因为有水体和鱼类存在，观察到有普通翠鸟（Alcedo atthis）、白胸翡翠（Halcyon smyrnensis）活动。珍稀濒危物种方面，在项目地的山体灌草丛区观察到有国家Ⅱ级保护动物褐翅鸦鹃（Centropus sinensis）活动，同时在周边有国家Ⅱ级保护动物黑耳鸢（Milvus lineatus）活动。在红树林区域活动的还有小白鹭（Egretta garzetta），该种为广东省省级保护动物，具有一定的保护价值。

图 2 - 38　白鹭

图 2 - 39　斑文鸟

图 2 - 40　白喉红臀鹎

图 2 - 41　普通翠鸟

图 2 - 42　黑领椋鸟

图 2 - 43　白头鹎

（5）哺乳类：区域内的哺乳类动物主要为小型啮齿目动物，种类包括普通伏翼蝠（Pipistrellus abramus）、小家鼠（Mus musculus）、褐家鼠（Rattus norvegicus）等。

（6）珍稀保护动物：本区内的保护动物主要为国家Ⅱ级保护动物褐翅鸦鹃和黑耳鸢，同时也有部分动物为"三有动物"（"国家保护的有益的或者有重要经济、科学研究价值的陆生野生动物名录"的简称），包括了该区域绝大部分动物，如红脖游蛇、黑眶蟾蜍、沼蛙、泽蛙、白头鹎、红耳鹎、大山雀等，具有一定的生态及保育价值。

2.7　历史文化

大鹏新区是深圳的历史文化之根，这里有 7000 年历史的新石器时代咸头岭遗址，有 600 多年历史的大鹏所城，还是东江纵队发源地等。

（1）渔村文化：大鹏地处深圳东部沿海，自古以来人们以捕鱼、航海为生，到今日仍保留这种生产方式，舞草龙、渔民娶亲等由渔民长期在海上劳作中形成的民风民俗已经被列入广东省非物质文化遗产名录。

（2）海防文化：明代洪武年间兴建大鹏所城，初为明王朝为抵御倭寇和海盗所设，据《新安县志》记载："沿海所城，以大鹏为最"。至清代，大鹏所城又成为国家海防的重要基地。

（3）客家文化：乾隆嘉庆年间，客家人由梅州地区迁徙至此，在这里留下了具有独特风格的客家围屋居民群落。

（4）红色文化：抗日战争时期，活跃于惠阳、宝安一带的"东江纵队"总部就设在葵涌土洋村。历史文化遗迹保存完好，北撤纪念亭等已成为省市爱国主义教育基地和省级文物保护单位。

2.8　风景名胜

2.8.1　自然景观

（1）东涌沙滩：东涌沙滩是一个天然的海滨浴场，与三门岛遥望，远处便是原始山林。站在长达 800 余米的东涌沙滩上可以看到，南海之滨浩渺无垠，沙白水碧，清澈见底，呈银白色并与海岸连成一线，沙滩上满是贝壳，是游泳和露营的好地方，旁边的渔村特别具有乡村气息（图 2−44）。

（2）东涌潟湖红树林：6 km 长的东涌河，从深圳"第二高峰"七娘山蜿蜒南下，在出海口开阔处形成潟湖，潮涨潮落，咸淡水交融，在此处形成了大面积的红树林，约占整个大鹏半岛红树林面积的 13%。东涌红树林大部分为原生，主要有海漆、桐花树、秋茄和老鼠簕等。这里生长着深圳面积最大的海漆群落，每年 4 月下旬到 5 月，海漆树叶便开始"换季"，海漆树叶从深绿变为黄色、橙黄、深红……如同秋日层林尽染。微风吹来，树叶轻轻摇晃，湖面的倒影闪起了粼粼波光，三五成群的鹭鸟在红树林上翩翩起舞，美不胜收。

图 2-44　东涌沙滩航拍

（3）东西涌海岸线：东西涌海岸线是深圳最美丽、经典的海岸徒步线路，被誉为"全国八大最美徒步线路"。东西涌海岸线位于深圳市龙岗区大鹏半岛南缘正中，东起东涌，西至西涌，海岸线长约 4 km，徒步里程约 8 km，一路屏山傍海，山岳纵横，沙滩、岛屿、礁石、海蚀岩、洞、桥、柱等海积海蚀地貌发育齐全，山色海景，水碧天蓝，风清气朗，一洗都市之尘扰。从东往西走，其中小半是山路，大半是海岸线，穿越约需 4 小时。

（4）东涌海柴角：东涌海柴角地势险峻，气势雄壮。站在岬角，可见大片裸露的岩石在海风中挺立，海岸全是海蚀的大小不一的石头，表面粗糙，形态各异。海面扬起阵阵巨浪撞击在岸边狰狞的岩石上，碎为千万朵银色的浪花和雨雾，轰轰巨响震撼耳膜，数米高的巨浪来势汹汹。清晨的红日由海平面下喷薄而出，堪称一绝。

2.8.2　人文景观

大鹏新区人文资源丰富，结合实地调查及现有资料了解到的人文景点共 21 个（历史遗迹型 10 个、宗教文化型 11 个），如图 2-45 所示。其中东涌片区中现有一座天后宫，如图 2-46 所示。据村里老人回忆，东涌天后宫始建于明末清初，香火最旺时天后宫的规模宏大，占地面积约 1500 m²，在此往返的渔民多来参拜，名扬海丰、惠州、香港一带，后因破"四旧"、扫除封建迷信等运动，东涌天后宫的部分砖瓦都被拆下挪作它用，天后宫日渐破败，残垣断壁，一片萧条。改革开放后，国家的宗教政策得到落实，村民和海外乡亲逐步恢复祀拜活动。每年农历三月廿三日天后诞辰，称"妈祖生"，又称"妈生"，东涌村民及海外乡亲等都赶来举行祀拜，如图 2 - 47 所示。1978 年，东涌村民和华侨自发捐款，对东涌天后宫进行了重修，但因当时经济条件所限，募集的善款额较小，只重建了天后宫的大殿部分，面积仅有 20 多 m^2，其他部分因资金不足，无力维修。东涌社区于 2010 年 4 月成立了东涌天后宫重建筹备组，对天后宫进行重建。2011 年 11 月初，东涌天后宫重建工程完工，整个建筑为院落式布局，硬山顶，招梁式构架，两进建筑中间用礼亭联接，庙门正脊用瓷片镶嵌双龙戏珠图案，山墙、屋檐、墙壁上彩绘有二十四孝等典故，宫内画梁雕栋，富丽堂皇。

图 2 - 45　大鹏新区历史文化资源分布图

图 2 - 46　东涌天后宫

图 2 - 47　东涌天后宫及祭拜妈祖队伍

第3章 东涌红树林植物种类及群落组成

3.1 东涌红树林湿地植物历史记录

叶有华[8]等人认为属于本地红树林物种的海漆、桐花树、秋茄、苦郎树是东涌红树林生态系统中的关键物种，该红树林生态系统中有20多种植物，如表3-1所示，存在至少2种迁徙鸟类：白鹭和池鹭，可以营造鸟类迁徙景观，指出东涌红树林湿地需要进行区域规划，以景观生态理念进行生态修复。

韦萍萍[9]等人认为东涌红树林存在真红树4种，分别是桐花树、海榄雌、秋茄、木榄，半红树植物5种，分别是海漆、草海桐、露兜树、黄槿、杨叶肖槿，如表3-2所示。

表3-1 叶有华等人论文中出现的调查地植物名录表

序号	种名	学名	科	属
1	海漆	*Excoecaria agallocha*	大戟科	海漆属
2	苦郎树	*Clerodendrum inerme*	唇形科	大青属
3	桐花树	*Aegiceras corniculatum*	报春花科	蜡烛果属
4	秋茄	*Kandelia candel*	红树科	秋茄树属
5	朴树	*Celtis sinensis*	大麻科	朴属
6	黄槿	*Hibiscus tiliaceus*	锦葵科	木槿属
7	乌桕	*Sapium sebiferum*	大戟科	乌桕属
8	雀梅藤	*Sageretia thea*	鼠李科	雀梅藤属
9	水翁	*Cleistocalyx operculatus*	桃金娘科	水翁属
10	血桐	*Macaranga tanarius*	大戟科	血桐属
11	黄皮	*Clausena lansium*	芸香科	黄皮属
12	相思树	*Acacia confuse*	豆科	相思树属
13	马缨丹	*Lantana camara*	马鞭草科	马缨丹属
14	山黄麻	*Trema tomentosa*	榆科	山黄麻属
15	海芒果	*Cerbera manghas*	夹竹桃科	海芒果属
16	/	*Cleroidendrum cyrlophyllum*	/	/
17	络石藤	*Trachelospermum jasminoides*	夹竹桃科	络石属
18	老鼠簕	*Acanthus ilicifolius*	爵床科	老鼠簕属

序号	种名	学名	科	属
19	木瓜	*Chaenomeles sinensis*	蔷薇科	木瓜属
20	卤蕨	*Acrostichum aureum*	卤蕨科	卤蕨属
21	厚藤	*Ipomoea pescaprae*	旋花科	虎掌藤属
22	葛藤	*Pueraria lobata*	豆科	葛属
23	水蔗草	*Apluda mutica*	禾本科	水蔗草属
24	浙江大青	*Clerodendrum kaichianum*	唇形科	大青属
25	鸡矢藤	*Paederia scandens*	茜草科	鸡矢藤属
26	海金沙	*Lygodium japonicum*	海金沙科	海金沙属
27	荔枝	*Litchi chinensis*	无患子科	荔枝属
28	木麻黄	*Casuarina equisetifolia*	木麻黄科	木麻黄属

注：原文中第16个种的拉丁名未查到对应的种，可能作者出现拼写错误，可能是指"大青"Clerodendrum cyrlo-phyllum。表中的"卤蕨"很可能是紫萁。

表3-2　韦萍萍等人论文中出现的调查地植物名录表

序号	种名	学名	科	属
1	海漆	*Excoecaria agalocha*	大戟科	海漆属
2	秋茄	*Kandelia obovata*	红树科	秋茄树属
3	木榄	*Bruguiera gymnorrhiza*	红树科	木榄属
4	海榄雌	*Avicennia marina*	马鞭草科	海榄雌属
5	桐花树	*Aegiceras corniculatum*	报春花科	蜡烛果属
6	黄槿	*Hibiscus tiliaceu*	锦葵科	木槿属
7	木麻黄	*Casuarina equisetifolia*	木麻黄科	木麻黄属
8	鼠李	*Rhamnus sp.*	鼠李科	鼠李属
9	潺槁木姜子	*Litsea glutinosa*	樟科	木姜子属
10	朴树	*Celtis sinensis*	大麻科	朴属
11	露兜树	*Pandanus tectorius*	露兜树科	露兜树属
12	草海桐	*Scaevola sericea*	草海桐科	草海桐属
13	水翁	*Cleistocalyx operculatus*	桃金娘科	水翁属
14	鸭脚木	*Scheflera octophylla*	五加科	鹅掌柴属
15	乌桕	*Sapium sebiferum*	大戟科	乌桕属
16	小叶榕	*Ficus concinna*	桑科	榕属
17	荔枝	*Litchi chinensis*	无患子科	荔枝属

序号	种名	学名	科	属
18	杨叶肖槿	*Thespesia populnea*	锦葵科	桐棉属
19	马缨丹	*Lantana camara*	马鞭草科	马缨丹属
20	台湾相思	*Acacia confusa*	豆科	相思树属
21	银柴	*Aporusa dioica*	叶下珠科	银柴属
22	芸香	*Ruta graveolens*	芸香科	芸香属
23	假苹婆	*Sterculia lanceolata*	锦葵科	苹婆属
24	黑面神	*Breynia fruticosa*	叶下珠科	黑面神属
25	土蜜树	*Bridelia tomentosa*	叶下珠科	土蜜树属
26	胡颓子	*Elaeagnus pungens*	胡颓子科	胡颓子属
27	龙柏	*Sabina chinensis*	柏科	圆柏属

本次调查结果如表 3 - 3 所示，已在 2021 年第九期《林业科技通讯》杂志上公开发表《深圳东涌红树林现状及其保育策略》（作者：王章芬、许恒涛、丘建煌、韩维栋）。

表 3 - 3　本次调查与前人记录植物种类对比

数据来源	植物种类记录	真红树植物	半红树植物
《A Case Study on the Diversity of the Mangrove Ecosystem in Shenzhen Dongchong, Southern China》（叶有华等人，2013）	28 种	海漆、桐花树、秋茄、苦郎树、老鼠簕、卤蕨（原文统称红树植物，未分开说明，其中卤蕨可能是紫萁）	
《深圳东涌红树林海漆群落特征分析》（韦萍萍等人，2015）	27 种	4 种：桐花树、海榄雌、秋茄、木榄	5 种：海漆、草海桐、露兜树、黄槿、杨叶肖槿
本次调查	103 种	6 种：桐花树、海榄雌、秋茄、木榄、海漆、老鼠簕	9 种：草海桐、露兜树、黄槿、杨叶肖槿、苦郎树、钝叶臭黄荆、阔苞菊、马甲子、海芒果

3.2　东涌现有植物种类

经调查，东涌红树林湿地现有植物种类 48 科 100 属 103 种（包括种下等级）。除 2 种蕨类（紫萁和小叶海金东海）外，其余均为被子植物，植物名录详见表 3 - 4，植物照片如图 3 - 1～图 3 - 103 所示，表中被子植物科排列分类采用最新系统发育分类系统 APGIV。

表 3－4 东涌红树林湿地植物名录

序号	中文名	自编代码	学名	科	属
1	紫萁	Dpe	*Osmunda vachellii*	紫萁科	紫萁属
2	小叶海金沙	Lmi	*Lygodium microphyllum*	海金沙科	海金沙属
3	无根藤	Cfi	*Cassytha filiformis*	樟科	无根藤属
4	潺槁木姜子	Lgl	*Litsea glutinosa*	樟科	木姜子属
5	黄独	Dbu	*Dioscorea bulbifera L.*	薯蓣科	薯蓣属
6	露兜树	Pte	*Pandanus tectorius*	露兜树科	露兜树属
7	菝葜	Sch	*Smilax china*	菝葜科	菝葜属
8	文殊兰	Lra	*Crinum asiaticum var. sinicum*	石蒜科	石蒜属
9	刺葵	Pha	*Phoenix hanceana*	棕榈科	海枣属
10	畦畔飘拂草	Fve	*Fimbristylis velata*	莎草科	飘拂草属
11	羽状穗砖子苗	Mja	*Mariscus javanicus*	莎草科	砖子苗属
12	狗牙根	Cda	*Cynodon dactylon*	禾本科	狗牙根属
13	台湾虎尾草	Cfo	*Chloris formosana*	禾本科	虎尾草属
14	龙爪茅	Dae	*Dactyloctenium aegptium*	禾本科	龙爪茅属
15	五节芒	Mfl	*Miscanthus floridulus*	禾本科	芒属
16	红毛草	Mre	*Melinis repens*	禾本科	糖蜜草属
17	类芦	Nre	*Neyraudia reynaudiana*	禾本科	类芦属
18	芦苇	Pau	*Phragmites australis*	禾本科	芦苇属
19	铺地黍	Pre	*Panicum repens*	禾本科	黍属
20	老鼠芳	Sli	*Spinifex littoreus*	禾本科	鬣刺属
21	盐地鼠尾粟	Svi	*Sporobolus virginicus*	禾本科	鼠尾粟属
22	滨箬草	Tin	*Thuarea involuta*	禾本科	刍蕾草属
23	中华结缕草	Zsi	*Zoysia sinica*	禾本科	结缕草属
24	木防己	Cor	*Cocculus orbiculatus*	防己科	木防己属
25	大叶相思	Aau	*Acacia auriculiformis*	豆科	相思树属
26	台湾相思	Aco	*Acacia confusa*	豆科	相思树属
27	广州相思子	Apu	*Abrus pulchellus subsp. cantoniensis*	豆科	相思子属
28	刺果苏木	Cbo	*Caealpinia bonduc*	豆科	无根藤属
29	海刀豆	Cro	*Canavalia rosea*	豆科	刀豆属
30	鱼藤	Dtr	*Derris trifoliata*	豆科	鱼藤属
31	银合欢	Lle	*Leucaena leucocephala*	豆科	银合欢属

序号	中文名	自编代码	学名	科	属
32	田菁	Sca	*Sesbania cannabina*	豆科	田菁属
33	牛耳枫	Dca	*Daphniphyllum calycinum*	虎皮楠科	虎皮楠属
34	桂樱	Pla	*Prunus laurocerasus*	蔷薇科	李属
35	朴树	Csi	*Celtis sinensis*	大麻科	朴属
36	福建胡颓子	Eol	*Elaeagnus oldhamii*	胡颓子科	胡颓子属
37	小叶榕（雅榕）	Fco	*Ficus concinna*	桑科	榕属
38	笔管榕（雀榕）	Fsu	*Ficus subpisocarpa*	桑科	榕属
39	马甲子	Pra	*Paliurus ramosissimus*	鼠李科	马甲子属
40	雀梅藤	Sth	*Sageretia thea*	鼠李科	雀梅藤属
41	木麻黄	Ceq	*Casuarina equisetifolia*	木麻黄科	木麻黄属
42	木榄	Bgy	*Bruguiera gymnorrhiza*	红树科	木榄属
43	秋茄树	Kob	*Kandelia obovata*	红树科	秋茄树属
44	龙珠果	Pfo	*Passiflora foetida*	西番莲科	西番莲属
45	广东箣柊	Ssa	*Scolopia saeva*	杨柳科	箣柊属
46	海漆	Eag	*Excoecaria agallocha*	大戟科	海漆属
47	细齿大戟	Ebi	*Euphorbia bifida*	大戟科	大戟属
48	粗毛野桐	Hho	*Hancea hookeriana*	大戟科	粗毛野桐属
49	白楸	Mpa	*Mallotus paniculatus*	大戟科	野桐属
50	血桐	Mta	*Macaranga tanarius var. tomentosa*	大戟科	血桐属
51	乌桕	Tse	*Triadica sebifera*	大戟科	乌桕属
52	银柴	Adi	*Aporosa dioica*	叶下珠科	银柴属
53	黑面神	Bfr	*Breynia fruticosa*	叶下珠科	黑面神属
54	土蜜树	Bto	*Bridelia tomentosa*	叶下珠科	土蜜树属
55	水翁蒲桃	Sne	*Syzygium nervosum*	桃金娘科	蒲桃属
56	野牡丹	Mma	*Melastoma malabathricum*	野牡丹科	野牡丹属
57	滨木患	Ali	*Arytera littoralis*	无患子科	滨木患属
58	龙眼	Dlo	*Dimocarpus longan*	无患子科	龙眼属
59	荔枝	Lch	*Litchi chinensis*	无患子科	荔枝属
60	酒饼簕	Abu	*Atalantia buxifolia*	芸香科	酒饼簕属
61	黄皮	Cla	*Clausena lansium*	芸香科	黄皮属
62	千里香	Mpa	*Murraya paniculata*	芸香科	九里香属

序号	中文名	自编代码	学名	科	属
63	楝叶吴萸	Tgl	*Tetradium glabrifolium*	芸香科	吴茱萸属
64	簕欓花椒	Zav	*Zanthoxylum avicennae*	芸香科	花椒属
65	鸦胆子	Bja	*Brucea javanica*	苦木科	鸦胆子属
66	楝	Maz	*Melia azedarach*	楝科	楝属
67	黄槿	Hti	*Hibiscus tiliaceus*	锦葵科	木槿属
68	心叶黄花棯	Sco	*Sida cordifolia*	锦葵科	黄花棯属
69	假苹婆	Sla	*Sterculia lanceolata*	锦葵科	苹婆属
70	杨叶肖槿	Tpo	*Thespesia populnea*	锦葵科	桐棉属
71	地桃花	Ulo	*Urena lobata*	锦葵科	梵天花属
72	羊蹄	Rja	*Rumex japonicus*	蓼科	酸模属
73	海滨藜	Ama	*Atriplex maximowicziana*	苋科	滨藜属
74	狭叶尖头叶藜	Cau	*Chenopodium auminatum subsp. Virgatum*	苋科	藜属
75	南方碱蓬	Sau	*Suaeda australia*	苋科	碱蓬属
76	盐角草	Seu	*Salicornia europaea*	苋科	盐角草属
77	海马齿	Spo	*Sesuviium portulacastrum*	番杏科	海马齿属
78	地肤	Ksc	*Kochia scoparia*	藜科	地肤属
79	米碎花	Ech	*Eurya chinensis*	五列木科	柃属
80	蜡烛果（桐花树）	Aco	*Aegiceras corniculatum*	报春花科	蜡烛果属
81	打铁树	Mli	*Myrsine linearis*	报春花科	铁仔属
82	鸡眼藤	Mpa	*Morinda parvifolia*	茜草科	巴戟天属
83	鸡矢藤	Pfo	*Paederia foetida*	茜草科	鸡矢藤属
84	海芒果	Cma	*Cerbera manghas*	夹竹桃科	海芒果属
85	海岛藤	Gob	*Gymnanthera oblonga*	夹竹桃科	海岛藤属
86	匙羹藤	Gsy	*Gymnema sylvestre*	夹竹桃科	匙羹藤属
87	狗牙花	Tdi	*Tabernaemontana divaricata*	夹竹桃科	山辣椒属
88	厚藤	Ipe	*Ipomoea pes - caprae*	旋花科	虎掌藤属
89	龙葵	Sni	*Solanum nigrum*	茄科	茄属
90	老鼠簕	Ail	*Acanthus ilicifolius*	爵床科	老鼠簕属
91	白骨壤（海榄雌）	Ama	*Avicennia marina*	马鞭草科	海榄雌属
92	马缨丹	Lca	*Lantana camara*	马鞭草科	马缨丹属
93	钝叶臭黄荆	Pse	*Premna serratifolia*	马鞭草科	豆腐柴属

序号	中文名	自编代码	学名	科	属
94	苦郎树	Cin	*Clerodendrum inerme*	唇形科	大青属
95	秤星树	Ias	*Ilex asprella*	冬青科	冬青属
96	海南草海桐	Sha	*Scaevola hainanensis*	草海桐科	草海桐属
97	鬼针草	Bp	*Bidens pilosa L.*	菊科	鬼针草属
98	白花鬼针草	Bpi	*Bidens pilosa var. radiata*	菊科	鬼针草属
99	微甘菊	Mmi	*Mikania micrantha*	菊科	假泽兰属
100	阔苞菊	Pin	*Pluchea indica*	菊科	阔苞菊属
101	孪花菊 （孪花蟛蜞菊）	Wbi	*Wollastonia biflora*	菊科	孪花菊属
102	南美蟛蜞菊	Wtr	*Wedelia trilobata*	菊科	蟛蜞菊属
103	鹅掌柴	She	*Schefflera heptaphylla*	五加科	南鹅掌柴属

图 3 – 1　紫萁

图 3 – 2　小叶海金沙

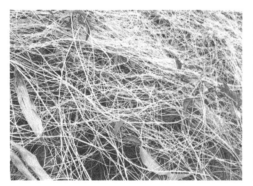

图 3 – 3　无根藤

图 3 – 4　潺槁木姜子

图 3-5 黄独　　　　　　　图 3-6 露兜树　　　　　　图 3-7 菝葜

图 3-8 文殊兰　　　　　　　　　　　图 3-9 刺葵

图 3-10 畦畔飘拂草　　　　　　　　图 3-11 羽状穗砖子苗

图 3-12 狗牙根　　　　图 3-13 台湾虎尾草　　　　图 3-14 龙爪茅

图 3 - 15　五节芒

图 3 - 16　红毛草

图 3 - 17　类芦

图 3 - 18　芦苇

图 3 - 19　铺地黍

图 3 - 20　老鼠芳

图 3 - 21　盐地鼠尾粟

图 3 - 22　滨箬草

图 3 - 23　中华结缕草

图 3 - 24　木防己

图 3-25 大叶相思

图 3-26 台湾相思

图 3-27 广州相思子

图 3-28 刺果苏木

图 3-29 海刀豆

图 3-30 鱼藤

图 3-31 银合欢

图 3-32 田菁

图 3-33 牛耳枫

图 3 - 34　桂樱　　　　　　　　　图 3 - 35　朴树

图 3 - 36　福建胡颓子　　　　　　图 3 - 37　小叶榕

图 3 - 38　笔管榕　　　　　　　　图 3 - 39　马甲子

图 3 - 40　雀梅藤　　　　　　　　图 3 - 41　木麻黄

图 3 – 42 木榄

图 3 – 43 秋茄树

图 3 – 44 龙珠果

图 3 – 45 广东蒴莲

图 3 – 46 海漆

图 3 – 47 细齿大戟

图 3 – 48 粗毛野桐

图 3 – 49 白楸

图 3 - 50　血桐

图 3 - 51　乌桕

图 3 - 52　银柴

图 3 - 53　黑面神

图 3 - 54　土蜜树

图 3 - 55　水翁蒲桃

图 3 - 56　野牡丹

图 3 - 57　滨木患

图 3 - 58 龙眼

图 3 - 59 荔枝

图 3 - 60 酒饼簕

图 3 - 61 黄皮

图 3 - 62 千里香

图 3 - 63 楝叶吴萸

图 3 - 64 簕欓花椒

图 3 - 65 鸦胆子

图 3-66 楝

图 3-67 黄槿

图 3-68 心叶黄花稔

图 3-69 假苹婆

图 3-70 杨叶肖槿

图 3-71 地桃花

图 3-72 羊蹄

图 3-73 海滨藜

图 3-74　狭叶尖头叶藜　　　　　图 3-75　南方碱蓬

图 3-76　盐角草　　　图 3-77　海马齿　　　图 3-78　地肤

图 3-79　米碎花　　　　　图 3-80　蜡烛果

图 3-81　打铁树　　　　　图 3-82　鸡眼藤

图 3 - 83　鸡矢藤

图 3 - 84　海芒果

图 3 - 85　海岛藤

图 3 - 86　匙羹藤

图 3 - 87　狗牙花

图 3 - 88　厚藤

图 3 - 89　龙葵

图 3 - 90　老鼠簕

图 3 - 91　白骨壤

图 3 - 92　马缨丹

图 3 - 93　钝叶臭黄荆

图 3 - 94　苦郎树

图 3 - 95　秤星树

图 3 - 96　草海桐

图 3 - 97　鬼针草

图 3 - 98　白花鬼针草

图 3-99　微甘菊

图 3-100　阔苞菊

图 3-101　孪花菊

图 3-102　南美蟛蜞菊

图 3-103　鹅掌柴

3.2.1　真红树植物种类

东涌红树林湿地共有真红树植物 5 科 6 属 6 种，见表 3-5。临水或低潮位生长的多为秋茄，其次是白骨壤（海榄雌）和老鼠簕，地势高上 0.2～0.5m 出现有桐花树（蜡烛果)、木榄,其中老鼠簕呈临水带状、丛生状分布,零星见于较低潮位上的秋茄幼林中。

表 3 - 5　真红树植物种类组成、生长及分布状况

科名	种名	学名	生活型	生长及分布状况
1. 大戟科	1. 海漆	*Excoecaria agallocha*	乔木	优良,中上游河段两岸及河心岛优势植物,多形成成熟林,林下本种幼苗少见
2. 红树科	2. 秋茄	*Kandelia obovata*	小乔木	优良,多较低矮,在较低潮位呈优势群落
	3. 木榄	*Bruguiera gymnorrhiza*	小乔木	一般,植株较少,林中
3. 马鞭草科	4. 白骨壤	*Avicennia marina*	小乔木	一般,植株较少,河道下游段
4. 报春花科	5. 桐花树	*Aegiceras corniculatum*	灌木	一般,多见海漆林缘
5. 爵床科	6. 老鼠簕	*Acanthus ilicifolius*	灌木	一般,多见林缘与林下

(1) 海漆,如图 3 - 104 ～ 图 3 - 113 所示,大戟科海漆属,为落叶或半落叶乔木,树冠开阔较为松散,生长于热带和亚热带海岸潮间带的高潮位,多散生于高潮带以上的红树林内缘,是东涌红树林湿地分布最显著的红树种类,高 3 ～ 8.5 m,最大胸径达 29.3 cm。叶互生,近革质,椭圆形或宽椭圆形,先端短钝尖,基部钝圆或宽楔形,全缘或有不明显疏细齿,无毛,中脉在上面凹下,幼叶与金黄的花蕊并放,老叶为鲜红色。花单性,黄绿色,雌雄异株,聚集成腋生、单生或双生总状花序,每一苞片内含 1 朵花,花期 4 ～ 5 月。蒴果球形,具 3 沟槽,果期 6 ～ 9 月。由于常年浸淹于海水中,为保证充足的呼吸,它的根系从地下伸出水面进行呼吸,因而具有发达的表面根。全株含有毒的白色乳汁,也叫牛奶红树,可引起皮肤红肿、发炎,入眼可致失明。海漆具有速生、抗逆性强等特点,对防风固岸有显著效果,是海滨高潮位地带和河道的护岸树。其木材燃烧发出沉香味,可作为沉香代用品,故俗称为土沉香。

图 3 - 104　海漆花苞

图 3 - 105　海漆花朵

图 3 - 106　海漆花序

图 3 - 107　海漆果实

图 3 - 108　海漆幼树

图 3 - 109　海漆幼树

图 3 - 110　海漆大树

图 3 - 111　海漆根系

图 3 - 112　海漆绿叶

图 3 - 113　海漆老叶

（2）秋茄树，如图 3 - 114 ～图 3 - 123 所示，红树科秋茄树属，为常绿灌木或小乔木，树皮平滑，红褐色，枝粗壮，有膨大的节，生长于浅海和河流出口冲积带的盐滩，喜生于海湾淤泥冲积深厚的泥滩，在一定立地条件上，常组成单优势种灌木群落。既适于生长在盐度较高的海滩，又能生长于淡水泛滥的地区，且能耐淹，往往在涨潮时淹没过半或几乎达顶端而无碍，具有发达板状根或支柱根。生长速度中等，15 年生的树仅高3.5 m，是东涌红树林湿地的先锋树种。叶对生，革质，椭圆形或近倒卵形，顶端钝形或浑圆，基部阔楔形，全缘，叶脉不明显，叶柄粗壮。二歧聚伞花序，有花 4 ～9 朵，白色，花萼宿存，即花凋谢时花萼不脱落而随同果实继续发育，并且随果实一起脱落。具有典型的胎生现象，胚轴圆锥形，长 12 ～20 cm，像笔，故又名"水笔仔"，花果期几乎全年都有。

图 3 - 114 秋茄花苞

图 3 - 115 秋茄花朵

图 3 - 116 秋茄结果

图 3 - 117 秋茄果实

图 3 - 118　秋茄胎苗

图 3 - 119　秋茄小苗

图 3 - 120　秋茄幼树

图 3 - 121　秋茄树

图 3 - 122　秋茄大树

图 3 - 123　秋茄根系

　　（3）木榄，如图 3 - 124 ～图 3 - 133 所示，红树科木榄属，为常绿乔木或灌木，树皮灰黑色，有粗糙裂纹，喜生于稍干旱、空气流通、伸向内陆的盐滩，生长缓慢，多分布于红树林内缘，在中国多散生于秋茄树的灌丛中，是中内滩红树林的主要树种，也是中国红树林的优势种之一。叶革质，椭圆状矩圆形，顶端短尖，基部楔形，叶柄暗绿色，托叶淡红色。花单生，红或粉红色，花瓣暗红色，花萼肉质，呈开裂状犹如红爪，花萼宿存，即花凋谢时花萼不脱落而随同果实继续发育，并且随果实一起脱落。具有典型的胎生现象，结实力强，胚轴圆锥形，长 15 ～25 cm，花果期几乎全年都有。具有发达的膝状呼吸根突出水面。作为热带、亚热带滨海城市滩涂、海堤的绿化植物，用于沿海生态景观林带种植。

图 3 - 124　木榄树叶

图 3 - 125　木榄花苞

图 3 - 126　木榄开花

图 3 - 127　木榄结果

图 3 - 128　木榄果实成熟

图 3 - 129　木榄小苗

图 3 – 130　木榄幼苗

图 3 – 131　木榄幼树

图 3 – 132　木榄大树

图 3 – 133　木榄根系

（4）白骨壤，如图 3 – 134 ～ 图 3 – 143 所示，也称为海榄雌，马鞭草科海榄雌属，为常绿灌木或小乔木，高度 2 ～ 3 m，最高可达 8 m 以上，枝条有隆起条纹，树皮呈灰白色，看起来像一根根白骨，名字由此而来。生长于海边和盐沼地带，适宜生长于贫瘠的沙质裸露潮滩上，耐盐和耐淹水能力强，是红树林中的先锋树种。叶对生，革质有光泽，卵形至倒卵形，顶端钝圆，基部楔形，主脉明显，表面无毛，叶背有白色绒毛，在被海水淹没时，具有隔离层的作用，其叶肉内有泌盐细胞，能把叶内的含盐水液排出叶面，因此其叶背常可见到闪亮的白色盐晶体。聚伞花序紧密成头状，花小，黄色，常数朵簇生于顶枝开放。隐胎生繁殖，花落后形成蒴果，桃子状，有毛，俗称"榄钱"，富含淀粉，无毒，可作为人类食物或猪的饲料，内含有一颗种子，花果期 7 ～ 10 月。根系发达，树干基部四周长有细棒状的出水呼吸根，帮助其进行气体交换。

图 3 - 134 白骨壤花朵

图 3 - 135 白骨壤果实

图 3 - 136 白骨壤果实开裂

图 3 - 137 白骨壤发芽

图 3 - 138 白骨壤小苗

图 3 - 139 白骨壤幼苗

图 3 - 140 白骨壤小树

图 3 - 141 白骨壤大树

图 3 - 142　白骨壤叶片　　　　　图 3 - 143　白骨壤根系

（5）桐花树，如图 3 - 144 ～ 图 3 - 153 所示，又称为蜡烛果，报春花科蜡烛果属，为常绿灌木或小乔木，低矮而稠密，树干弯曲常向临水斜长，高度一般小于 3m，其树皮平滑，红褐至灰黑色，多分布于有淡水输入的中潮带滩涂，常大片生长在红树林外缘，属于红树林中的先锋树种。叶可泌盐，互生，革质，倒卵形或椭圆形，先端圆或微凹，叶纹清晰，叶柄带红色。伞形花序，生于枝条顶端，有花 10 余朵，白色，钟形，芬香甜蜜，是很好的蜜源植物，花期每年 12 月至翌年 1—2 月。具有胎生繁殖现象，蒴果圆柱形，弯如新月，如山羊角，因此俗名为"羊角木"，又如燃烧的蜡烛所以也称为"蜡烛果"，果期 10 ～ 12 月。桐花树的揽状根在泥土表层下呈水平线伸展，用以稳定树身。

图 3 - 144　桐花树花苞　　　　　图 3 - 145　桐花树花朵

图 3 - 146　桐花树结果　　　　　图 3 - 147　桐花树果实

图 3 - 148 桐花树小苗

图 3 - 149 桐花树幼树

图 3 - 150 桐花树小树

图 3 - 151 桐花树大树

图 3 - 152 桐花树根系

图 3 - 153 桐花树叶片泌盐

（6）老鼠簕，如图 3 - 154 ～图 3 - 159 所示，爵床科老鼠簕属，为常绿亚灌木，高 0.5 ～1.5 m，分布于红树林内缘、潮沟两侧，常丛生于其他红树群落临水一侧，为红树林下优势植物种类。叶十字对生，长圆形至长圆状披针形，先端急尖，基部楔形，边缘 4 ～5 羽状浅裂，近革质，两面无毛，托叶成刺状，叶具有盐腺，可泌盐。穗状花序顶生，苞片对生，花白色带紫，花期 4 ～6 月。蒴果椭圆形，像刚出生的小老鼠，因而得名，果皮肉质，内有 1 ～4 颗隐性胎生种子，果期 6 ～7 月。老鼠簕的根具有解毒止痛的功效，因而是一种具有较高药用价值的乡土红树林资源。

图 3 - 154　老鼠簕花朵

图 3 - 155　老鼠簕果实

图 3 - 156　老鼠簕小苗

图 3 - 157　老鼠簕大苗

图 3 - 158　丛生老鼠簕

图 3 - 159　成片老鼠簕

3.2.2　半红树植物种类

半红树植物指可生长在高潮线下有海水淹没生境并可形成优势群落、也可生长于淡水湿地或坡地和谷地等陆地生境中并形成优势群落的植物。本园红树林湿地有半红树植物 7 科 9 属 9 种，见表 3 - 6。其中，马甲子形成高达 4 m 的与黄槿、苦郎树和露兜树处于相同潮位堤岸上的小群落，在我国其他红树林区比较罕见，是为我国新增半红树植物资源，在其遗传多样性及生态适应性上值得进一步研究并可在海岸园林绿化中加以应用。

表 3 - 6　半红树植物种类组成

科名	种名	学名	生活型	生长及分布状况
1. 锦葵科	1. 黄槿	*Hibiscus tiliaceus*	丛生小乔木	良好，中高潮位
	2. 杨叶肖槿	*Thespesia populnea*	丛生小乔木	一般，中高潮位
2. 唇形科	3. 苦郎树	*Clerodendrum inerme*	丛生蔓生灌木	良好，中高潮位
	4. 伞序臭黄荆 （钝叶臭黄荆）	*Premna serratifolia*	丛生蔓生灌木	良好，中高潮位
3. 露兜树科	5. 露兜树	*Pandanus tectorius*	丛生灌木	良好，中高潮位
4. 草海桐科	6. 草海桐	*Scaevola sericea*	丛生灌木	一般，中高潮位
5. 鼠李科	7. 马甲子	*Paliurus ramosissimus*	丛生	良好，中高潮位
6. 夹竹桃科	8. 海芒果	*Cerbera manghas*	灌木	一般，中高潮位
7. 菊科	9. 阔苞菊	*Pluchea indica*	丛生灌木	良好，中高潮位

（1）黄槿，锦葵科木槿属，如图 3 - 160、图 3 - 161 所示，为常绿灌木或小乔木，生于海边堤岸，是东涌红树林沿岸常见的半红树种类。树皮灰白色，树冠浓密。叶具长柄，叶近圆形或宽卵形，先端突尖，叶背密被灰白色星状绒毛并混生长柔毛，全缘或具细圆齿。花序顶生或腋生，常数花排列成聚散花序，花冠钟形，花瓣内面基部暗紫色，外部整体黄色，含花蜜，花期 6 ～ 8 月。蒴果卵圆形，被绒毛，成熟后开裂，果期 8 ～ 10 月。

图 3 - 160　黄槿花朵

图 3 - 161　黄槿叶片

（2）杨叶肖槿，又称为桐棉，锦葵科桐棉属，如图 3-162、图 3-163 所示，为常绿乔木，生于海边和海岸向阳处，是东涌红树林沿岸常见的半红树种类。叶卵状心形，先端尾状渐尖，基部截形或微浅心形，全缘。花单生叶腋，花冠钟形，花瓣 5 片，黄色，花瓣基部紫红色，花期近全年。蒴果梨形，无毛，成熟后不开裂。

图 3-162　杨叶肖槿叶片　　　　　　　图 3-163　杨叶肖槿叶片和花朵

（3）苦郎树，唇形科大青属，如图 3-164、图 3-165 所示，枝干纤细多丛生状，为直立或攀援灌木，生于海岸沙滩和潮汐能至的地方，是东涌红树林沿岸常见的半红树种类。叶对生，薄革质，卵形、椭圆形或椭圆状披针形，顶端钝尖，基部楔形或宽楔形，全缘。聚伞花序通常由 3 朵花组成，着生于叶腋或枝顶叶腋，花萼钟状，花冠白色，具芳香。核果倒卵圆形，外果皮黄灰色，花萼宿存，花果期 3～12 月。根、茎、叶均有苦味，因而得名。

图 3-164　苦郎树叶片　　　　　　　图 3-165　苦郎树花朵

（4）钝叶臭黄荆，又称为伞序臭黄荆，唇形科大青属，如图 3-166、图 3-167 所示，为直立或攀援灌木，枝干纤细多丛生状，生于低海拔的疏林或溪沟边，是东涌红树林沿岸常见的半红树种类。叶卵形、椭圆形或椭圆状披针形，顶端钝圆或短尖，但尖头钝，基部阔楔形或圆形，全缘，两面沿脉有短柔毛。聚伞花序，花冠黄色，核果球形或倒卵形，疏被黄色腺点，成熟后为黑色，花果期 7～9 月。

图 3 - 166 钝叶臭黄荆果实

图 3 - 167 钝叶臭黄荆叶片

（5）露兜树，露兜树科露兜树属，如图 3 - 168、图 3 - 169 所示，为常绿灌木或小乔木，树干基部有圆柱形光滑的支柱根，常生于海边沙地，是东涌红树林常见的沿岸半红树种类。叶条形簇生于枝顶，螺旋状排列，先端渐狭成一长尾尖，叶缘和背面中脉均有粗壮的锐刺。雄花序由若干穗状花序组成，具芳香，佛焰苞长披针形，白色；雌花序头状，单生于枝顶，圆球形；佛焰苞多枚，乳白色，花期 1 ～5 月。聚花果大，向下悬垂，幼果绿色，成熟时桔红色，其果实如菠萝，兼具食用和药用功效。

图 3 - 168 露兜树果实

图 3 - 169 露兜树

（6）草海桐，草海桐科草海桐属，如图 3 - 170、图 3 - 171 所示，为直立或铺散灌木，生于海边，通常在开旷的海边砂地上或海岸峭壁上，是东涌红树林沿岸稀见的半红树种类。叶肉质，螺旋状排列，大部分集中于分枝顶端，匙形至倒卵形，基部楔形，顶端圆钝，平截或微凹，全缘，或边缘波状。聚伞花序腋生，花冠白色或淡黄色，核果卵球状，花果期 4 ～12 月。

（7）马甲子，鼠李科马甲子属，如图 3 - 172、图 3 - 173 所示，为灌木丛生，植物体具刺，树干纤细通直，生境与草海桐相近，是东涌红树林湿地独特的一种植物种类。叶互生，纸质，宽卵状椭圆形或近圆形，叶基生三出脉，边缘具钝细锯齿或细锯齿。腋生聚伞花序，被黄色绒毛，花瓣匙形，黄色，花期 5 ～8 月。核果杯状，被黄褐色或棕褐色绒毛，果期9～10月。其根、枝、叶、花、果均供药用，有解毒消肿、止痛活血之效。马甲子群落在我国其他红树林区比较罕见，为我国新增半红树植物资源。

图3-170　草海桐叶片

图3-171　草海桐花朵

图3-172　马甲子花朵

图3-173　马甲子叶片

（8）海芒果，又称为海忙果，夹竹桃科海芒果属，如图3-174～图3-177所示，为常绿乔木，枝粗壮，植株具乳汁有毒性，生于海滨湿地。叶丛生于枝顶，互生，厚纸质，倒卵状披针形。聚伞花序顶生，花高脚碟状，白色，喉部红色，具芳香，花期3～10月。核果椭圆形或卵圆形，橙黄色，有毒性，果期为每年11月至翌年春季。

图3-174　海芒果叶片

图3-175　海芒果花朵

图 3-176 海芒果果实　　　　　　　　　　图 3-177 海芒果树

（9）阔苞菊，菊科阔苞菊属，如图 3-178、图 3-179 所示，为常绿灌木，茎直立，生于海滨沙地或近潮水的空旷地。叶互生，倒卵形或阔倒卵形，基部渐狭成楔形，顶端浑圆、钝或短尖，边缘有较密的细齿或锯齿，两面被卷短柔毛。头状花序顶生，筒状，花期全年。瘦果圆柱形，被疏毛。

图 3-178 阔苞菊叶片　　　　　　　　　　图 3-179 阔苞菊花朵

3.2.3 红树伴生植物种类组成

本次调查东涌红树林湿地的红树林群落伴生植物，包括树高≥3 m 的树木种类、树高<3 m 灌木生活型树木种类、藤本生活型植物也称层间植物和草本生活型植物种类，共记录有 43 科 85 属 88 种。

（1）树高≥3 m 乔木生活型伴生树种组成

树高≥3 m 的树木在湿地景观中是较显著的森林景观之构景元素，也是东涌红树林湿地园亮丽的植物景观的重要组成部分，共有 9 科 10 属 12 种，见表 3-7。这些树种中，独自成为东涌红树林湿地沿岸及周边陆地较主要景观的树种有潺槁木姜子、台湾相思、大叶相思、朴树、小叶榕、笔管榕、木麻黄、乌桕、血桐、水翁蒲桃、楝、假苹婆等，它们也是当地区域城乡绿化的优良树种。

表3-7 树高≥3 m乔木生活型伴生树种组成、生长及分布状况

科名	种名	学名	生长及分布状况
1. 樟科	1. 潺槁木姜子	*Litsea glutinosa*	良好，常见林缘
2. 豆科	2. 台湾相思	*Acacia confusa*	良好，常见林缘
	3. 大叶相思	*Acacia auriculiformis*	良好，稀见林缘
3. 大麻科	4. 朴树	*Celtis sinensis*	良好，常见林缘
4. 桑科	5 小叶榕	*Ficus concinna*	良好，常见林缘
	6. 笔管榕	*Ficus subpisocarpa*	良好，常见林缘
5. 木麻黄科	7. 木麻黄	*Casuarina equisetifolia*	良好，常见林缘
6. 大戟科	8. 乌桕	*Sapium sebiferum*	良好，常见林缘
	9. 血桐	*Macaranga tanarius*	良好，常见林缘
7. 桃金娘科	10. 水翁蒲桃	*Syzygium nervosum*	一般，稀见林缘
8. 楝科	11. 楝	*Melia azedarach*	一般，稀见林缘
9. 锦葵科	12. 假苹婆	*Sterculia lanceolata*	一般，稀见林缘

（2）树高<3 m灌木生活型伴生树种组成

树高<3 m灌木生活型树木种类较大地丰富了本园的植物种类多样性，是其红树林景观多彩亮丽的重要组成部分，也为其景观层次性提供了物种保障。本园共有此类树种19科29属29种，见表3-8。这些树种中，有乡土树种也有外来入侵植物，也是红树林由纯林向多树种混合林进化或向陆生生境演替起作用的重要组成种类。乡土树种有桂樱、白楸、广东箣柊、鹅掌柴、打铁树、酒饼簕、秤星树等，具有入侵性的外来树种有银合欢和马缨丹2种，呈灌木状的荔枝、龙眼和黄皮为果园归化入湿地园分布。

表3-8 树高<3 m灌木生活型伴生树种组成、生长及分布状况

科名	种名	学名	生长及分布状况
1. 棕榈科	1. 刺葵	*Phoenix hanceana*	良好，稀见林缘
2. 豆科	2. 银合欢	*Leucaena leucocephala*	一般，常见林缘
3. 虎皮楠科	3. 牛耳枫	*Daphniphyllum calycinum*	一般，稀见林缘
4. 蔷薇科	4. 桂樱	*Prunus laurocerasus*	一般，稀见林缘
5. 胡颓子科	5. 福建胡颓子	*Elaeagnus oldhamii*	一般，稀见林缘
6. 杨柳科	6. 广东箣柊	*Scolopia saeva*	良好，常见林缘
7. 大戟科	7. 粗毛野桐	*Hancea hookeriana*	一般，稀见林缘
	8. 白楸	*Mallotus paniculatus*	一般，稀见林缘

科名	种名	学名	生长及分布状况
8. 叶下珠科	9. 银柴	*Aporosa dioica*	一般, 稀见林缘
	10. 药用黑面神	*Breynia vitis-idaea*	一般, 稀见林缘
	11. 土蜜树	*Bridelia tomentosa*	一般, 稀见林缘
9. 野牡丹科	12. 野牡丹	*Melastoma malabathricum*	一般, 稀见林缘
10. 无患子科	13. 滨木患	*Arytera littoralis*	良好, 稀见林缘
	14. 荔枝	*Litchi chinensis*	一般, 稀见林缘
	15. 龙眼	*Dimocarpus longan*	一般, 稀见林缘
11. 芸香科	16. 酒饼簕	*Atalantia buxifolia*	良好, 常见林缘
	17. 簕欓花椒	*Zanthoxylum avicennae*	良好, 常见林缘
	18. 黄皮	*Clausena lansium*	一般, 稀见林缘
	19. 楝叶吴萸	*Tetradium glabrifolium*	一般, 稀见林缘
	20. 千里香	*Murraya paniculata*	良好, 常见林缘
12. 苦木科	21. 鸦胆子	*Brucea javanica*	一般, 稀见林缘
13. 锦葵科	22. 地桃花	*Urena lobata*	一般, 稀见林缘
	23. 心叶黄花稔	*Sida cordifolia*	一般, 稀见林缘
14. 五列木科	24. 米碎花	*Eurya chinensis*	一般, 稀见林缘
15. 报春花科	25. 打铁树	*Myrsine linearis*	一般, 稀见林缘
16. 夹竹桃科	26. 狗牙花	*Tabernaemontana divaricata*	一般, 稀见林缘
17. 马鞭草科	27. 马缨丹	*Lantana camara*	良好, 常见林缘
18. 冬青科	28. 秤星树	*Ilex asprella*	一般, 稀见林缘
19. 五加科	29. 鹅掌柴	*Schefflera heptaphylla*	一般, 稀见林缘

（3）藤本生活型植物种类组成

藤本生活型植物也称层间植物，在东涌红树林湿地园共有 12 科 17 属 17 种，见表 3 - 9。藤本植物丰富了东涌红树林的物种多样性，同时对红树植物的生长有一定的负面影响，但对其中动物多样性的保育影响尚未见有评估研究，外观上可增加林冠的密度，一定程度上有可能为鸟类提供更多的栖息地。其中，在东涌红树林湿地园中入侵性强的植物有微甘菊、刺果苏木和海金沙，它们常常可覆盖红树林林冠并影响红树树种光合作用，尤其微甘菊入侵性最强，应加强人工管理，防止其进一步入侵造成危害。

表 3-9　藤本生活型植物种类组成及分布状况

科名	种名	学名	分布状况
1. 海金沙科	1. 海金沙	*Lygodium japonicum*	常见，林缘
2. 樟科	2. 无根藤	*Cassytha filiformis*	常见，林缘
3. 薯蓣科	3. 黄独	*Dioscorea bulbifera*	稀见，林缘
4. 菝葜科	4. 菝葜	*Smilax china*	稀见，林缘
5. 防己科	5. 木防己	*Cocculus trilobus*	常见，林缘及林冠
6. 豆科	6. 海刀豆	*Canavalia maritima*	常见，林缘
	7. 广州相思子	*Abrus pulchellus subsp. cantoniensis*	常见，林缘
	8. 刺果苏木	*Caealpinia bonduc*	稀见，林缘
	9. 鱼藤	*Derris trifoliata*	稀见，林缘
7. 鼠李科	10. 雀梅藤	*Sageretia thea*	常见，林缘
8. 西番莲科	11. 龙珠果	*Passiflora foetida*	常见，林缘
9. 茜草科	12. 鸡矢藤	*Paederia foetida*	常见，林缘
	13. 鸡眼藤	*Morinda parvifolia*	稀见，林缘
10. 夹竹桃科	14. 匙羹藤	*Gymnema sylvestre*	常见，林缘
	15. 海岛藤	*Gymnanthera oblonga*	常见，林内
11. 旋花科	16. 厚藤	*Ipomoea pes - caprae*	常见，沙地蔓生
12. 菊科	17. 微甘菊	*Mikania micrantha*	常见，林缘（有较强入侵性）

（4）草本生活型伴生植物种类组成

草本生活型植物也称地被植物，在本园红树林湿地中共有 12 科 29 属 30 种，见表 3-10。草本植物丰富了东涌红树林的物种多样性，同时有利于保持水土，但也对红树植物的生长有一定的负面影响，而对其中动物多样性的保育影响尚未见有评估研究，外观上可增加植被的层次性，一定程度上有可能为来访东涌湿地的鸟类提供更多的栖息地。

表 3-10 草本生活型伴生植物种类组成、生长及分布状况

科 名	种 名	学 名	生长及分布状况
1. 紫萁科	1. 紫萁	*Osmunda vachellii*	良好，常见
2. 石蒜科	2. 文殊兰	*Crinum asiaticum var. sinicum*	良好，稀见
3. 莎草科	3. 畦畔飘拂草	*Fimbristylis velata*	良好，稀见
	4. 羽状穗磚子苗	*Mariscus javanicus*	良好，常见
4. 禾本科	5. 狗牙根	*Cynodon dactylon*	良好，常见
	6. 台湾虎尾草	*Chloris formosana*	良好，稀见
	7. 龙爪茅	*Dactyloctenium aegptium*	良好，常见
	8. 五节芒	*Miscanthus floridulus*	良好，常见
	9. 红毛草	*Melinis repens*	良好，常见
	10. 类芦	*Neyraudia reynaudiana*	良好，常见
	11. 芦苇	*Phragmites australis*	良好，稀见
	12. 铺地黍	*Panicum repens*	良好，稀见
	13. 老鼠芳	*Spinifex littoreus*	—
	14. 盐地鼠尾粟	*Sporobolus virginicus*	良好，常见
	15. 滨箸草	*Thuarea involuta*	良好，常见
	16. 中华结缕草	*Zoysia sinica*	良好，常见
5. 豆科	17. 田菁	*Sesbania cannabina*	良好，常见
6. 大戟科	18. 细齿大戟	*Euphorbia bifida*	良好，常见
7. 蓼科	19. 羊蹄	*Rumex japonicus*	良好，稀见
8. 苋科	20. 海滨藜	*Atriplex maximowicziana*	良好，常见
	21. 狭叶尖头叶藜	*Chenopodium auminatum subsp. Virgatum*	良好，常见
	22. 南方碱蓬	*Suaeda australis*	良好，稀见
	23. 盐角草	*Salicornia europaea*	良好，稀见

科 名	种 名	学 名	生长及分布状况
9. 番杏科	24. 海马齿	*Sesuvium portulacastrum*	良好，稀见
10. 黎科	25. 地肤	*Kochia scoparia*	良好，常见
11. 茄科	26. 龙葵	*Solanum nigrum*	良好，常见
12. 菊科	27. 鬼针草	*Bidens pilosa L.*	良好，常见
	28. 白花鬼针草	*Bidens pilosa var. radiata*	良好，常见
	29. 南美蟛蜞菊	*Wedelia trilobata*	良好，常见
	30. 孪花菊（孪花蟛蜞菊）	*Wollastonia biflora*	良好，常见

3.3 东涌红树植物群落组成

3.3.1 海漆群落

海漆群落属红树林湿地类型海漆群系，是东涌红树林面积最大的优势红树群落类型，多为单优群落，包括秋茄、桐花树、红海榄、老鼠簕为共同建群种或伴生种形成的海漆群落，面积共 2.39 hm²，呈片状或条带状分布。外观淡黄绿色混杂红色老叶（4—5 月份），植株有白色乳汁，开花前的 4—5 月呈落叶状态，易于区别，群落高 3 ~8.5m，郁闭度 0.7 ~0.90，植株胸径多 10 ~20 cm，最大胸径达 29.3 cm。群落内海漆植物多呈集聚分布，多 3 ~6 株丛状生长于群落中，林下伴生红树植物秋茄、桐花树、木榄、老鼠簕、草海桐、露兜树、苦郎树等，层间植物有海岛藤、小叶海金沙、无根藤、刺果无根藤等。

海漆为落叶或半落叶树种，叶子从花期金黄的花蕊与淡黄的叶牙与幼叶并放－细叶浅绿－成熟叶翠绿－老叶的鲜红－凋落前叶的枯黄，呈现四季的变幻景观，如图 3 - 180、图 3 - 181 所示。海漆群落美丽壮观的景色，被网友称之为中国红树林海漆群落之最。因此，东涌海漆群落是东涌红树林分布区最亮丽的一道风景线，极其珍贵，同时具有极高的生态学研究与动物栖息地保护价值。

图 3 – 180 海漆群落

图 3 – 181 海漆群落变红

1. 群落高度分布

海漆植株按高度以 2.5 ～5 m 占优势，5 ～8 m 占其次，以幼树为主，按立木级以 2.5 cm≤D<7.5 cm 占优势。见表 3 – 11、表 3 – 12。

表 3 – 11 海漆植株高度分布

高度级/m	0 ～2.5	2.5 ～5	5 ～8	>8	合计
个体数	27	105	74	7	213
百分比/%	12.67	49.30	34.74	3.29	100

表 3 – 12　海漆植株立木级分布

I 级幼苗 （H > 33 cm）	II 苗木 （H > 33 cm， D < 2.5 cm）	III 幼树 （2.5 cm ≤ D < 7.5 cm）	IV 立木 （7.5 cm ≤ D ≤ 22.5 cm）	V 大树 （D > 22.5 cm）	合计
0.00	4.69	52.11	42.25	0.94	100

2. 群落胸径分布

为更好地、有针对性地对现状海漆群落进行保护，以胸径 ≥20 cm 为测量基准、≥25 cm 作为重点，采取现场拍照和坐标定位方式进行逐个记录。调查结果显示 ≥20 cm 的约有 54 株，其中 ≥25 cm 有 8 株，最大的达到 29.3 cm，其余分别是 28.5 cm、28.4 cm、27 cm、26 cm、25.8 cm、25 cm、25 cm。

（1）10 号小班海漆群落胸径分布：海漆胸径 ≥20 cm 有 37 株，其中 ≥25 cm 有 6 株，如表 3 – 13 及图 3 – 182～图 3 – 209 所示。

表 3 – 13　10 号小班海漆胸径表

编号	胸径/cm	编号	胸径/cm	编号	胸径/cm
1	23.0 23.0	10	21.4	19	20.5
2	21.2	11	20.0 21.5	20	21.6
3	25.0	12	23.5	21	24.2 21.7
4	22.0	13	27.0 24.0	22	23.2
5	28.5 21.0 23.0	14	21.5	23	22.3
6	25.8	15	23.0	24	20.3
7	20.6	16	24.2 21.0 20.8	25	20.7
8	22.6	17	22.0 21.5	26	22.3 21.5
9	21.5	18	25.0	27	28.4

备注：编号代表株丛，一株丛多个植株时胸径存在多个数值。

图 3 - 182　10 号小班海漆胸径分布位置图

图 3 - 183　1 号海漆　　　　图 3 - 184　2 号海漆　　　　图 3 - 185　3 号海漆

图 3 - 186　4 号海漆　　　　图 3 - 187　5 号海漆　　　　图 3 - 188　6 号海漆

图 3 - 189　7 号海漆　　　　图 3 - 190　8 号海漆　　　　图 3 - 191　9 号海漆

图 3 - 192　10 号海漆　　　图 3 - 193　11 号海漆　　　图 3 - 194　12 号海漆

图 3 - 195　13 号海漆　　　图 3 - 196　14 号海漆　　　图 3 - 197　15 号海漆

图 3 - 198　16 号海漆　　　图 3 - 199　17 号海漆　　　图 3 - 200　18 号海漆

图 3 - 201 19 号海漆　　　　图 3 - 202 20 号海漆　　　　图 3 - 203 21 号海漆

图 3 - 204 22 号海漆　　　　图 3 - 205 23 号海漆　　　　图 3 - 206 24 号海漆

图 3 - 207 25 号海漆　　　　图 3 - 208 26 号海漆　　　　图 3 - 209 27 号海漆

（2）1 号小班海漆群落胸径分布：海漆胸径≥20 cm 有 5 株，其中≥25 cm 有 1 株，如表 3 - 14 及图 3 - 210 ～图 3 - 215 所示。

表 3 - 14　　1 号小班海漆胸径表

编号	胸径/cm	编号	胸径/cm	编号	胸径/cm
28	22.5	30	26.0	32	20
29	20.5	31	20.0		

图 3 - 210　　1 号小班海漆胸径分布位置图

图 3 - 211　28 号海漆　　　　图 3 - 212　29 号海漆　　　　图 3 - 213　30 号海漆

图 3 - 214 31 号海漆

图 3 - 215 32 号海漆

（3）4 号及 5 号小班海漆群落胸径分布：海漆胸径≥20 cm 有 4 株，如表 3 - 15 及图 3 - 216 ～图 3 - 219 所示。

表 3 - 15 4 号及 5 号小班海漆胸径表

编号	胸径/cm	编号	胸径/cm
33	21.0	35	21 22
34	24.5		

备注：编号代表株丛，一株丛多个植株时胸径存在多个数值。

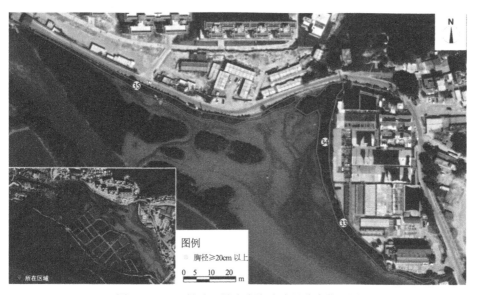

图 3 - 216 4 号及 5 号小班海漆胸径分布位置图

图3-217 33号海漆　　　　　图3-218 34号海漆　　　　　图3-219 35号海漆

（4）7号小班海漆群落胸径分布：海漆胸径≥20 cm 有8株，其中≥25 cm 有1株，如表3-16及图3-220～图3-225所示。

表3-16　7号小班海漆胸径表

编号	胸径/cm	编号	胸径/cm	编号	胸径/cm
36	21.3 24.7 29.3 23.2	38	21.7	40	21.0
37	24.5	39	20.0		

备注：编号代表株丛，一株丛多个植株时胸径存在多个数值。

图3-220　7号小班海漆胸径分布位置图

图3-221 36号海漆

图3-222 37号海漆

图3-223 38号海漆

图3-224 39号海漆

图3-225 40号海漆

3.3.2 秋茄群落

秋茄群落属红树林湿地类型秋茄群系，是东涌红树林面积第二大的优势红树群落类型，多为单优群落，包括海漆、桐花树、木榄、老鼠簕为建群种或伴生种形成的秋茄群落，面积0.72 hm²，呈片状或条带状分布，植株个体沿岸临水生长，林相外观翠绿色易于区分，群落高1～5 m，郁闭度0.3～0.90，植株胸径多为3～15 cm，最大胸径达20 cm。伴生植物有海漆、桐花树、红海榄、老鼠簕、露兜树等，层间植物有海岛藤等。

秋茄是东涌红树林湿地的先锋树种。河道中淤积地貌前沿主要是由秋茄首先占据形成幼林，同时在其他红树群落临水一侧同样形成幼林，如翠绿的镶边构成东涌红树林的一道特色风景，如图3-226所示。

图3-226 秋茄群落

3.3.3 白骨壤（海榄雌）群落

白骨壤群落属红树林湿地类型白骨壤群系，是东涌红树林湿地中的先锋红树群落类型，生境与秋茄相近，多为单优群落，包括秋茄、桐花树、木榄、老鼠簕为伴生种形成的白骨壤混合群落，面积共 0.05 hm²，呈块状或条带状分布，植株丛生状外观呈球形灰绿色，叶对生，树干基部的指头状气生根发达，群落高 1.5～2.5 m，郁闭度 0.5～0.8，植株地径多为 2.0～5 cm。伴生植物有秋茄、海漆、老鼠簕等，层间植物有海岛藤、三叶鱼藤等，如图 3－227 所示。

图 3－227 白骨壤群落

3.3.4 桐花树群落

桐花树群落属红树林湿地类型桐花树群系，是东涌红树林面积第五大的优势红树群落类型，分布于海漆群落与秋茄群落之间，面积 0.05 hm²，呈条带状分布，沿岸夹在秋茄临水生境和海漆高潮线生境之间的狭小地带，植株多丛生状向水域外斜长，林相外观淡绿色叶表多盐晶，易于区分，群落高 1.5～2.5 m，郁闭度 0.6～0.8，植株胸径多为 3.0～7 cm。伴生植物有海漆、秋茄、老鼠簕等，层间植物有海岛藤、三叶鱼藤等，如图 3－228 所示。

图 3－228 桐花树群落

3.3.5　木榄群落

木榄群落属红树林湿地类型木榄群系，仅在东涌红树林湿地园现公交站对岸近岸一处有分布，包括以海漆、秋茄形成的群落，面积近约 0.01 hm²，林相高约 3 m，最大胸径 5.9 cm。伴生植物有木榄幼苗、秋茄幼苗和桐花树等。周边有木榄与海漆和秋茄形成混交群落，如图 3–229 所示。

图 3–229　木榄群落

3.3.6　老鼠簕群落

老鼠簕群落属红树林湿地类型老鼠簕群系，是东涌红树林中一种低矮的红树林群落类型，呈小丛分布于林缘或草地外缘，其单优群落位于北岸上游段，面积约 0.05 hm²，高 0.5～0.7 m，植株丛生，植株密度 90～200 株/m²。老鼠簕同时呈丛生状生于其他红树群落临水一侧，为林下优势植物种类，盖度 0.1～0.2，常与秋茄幼苗分布于同一生境，如图 3–230 所示。

老鼠簕是一种具有较高药用价值的乡土红树林资源，应加强其群落保护，防止人为采摘、采挖。

图 3–230　老鼠簕群落

3.3.7 黄槿群落

黄槿群落属红树林湿地类型黄槿群系，在南岸多处岸段占优势，亦见人工湿地山脚下排洪沟侧，为单优树种群落，总面积 0.72 hm²，林相高 4.5～8 m，多树干丛生（受台风影响），胸径 4～15 cm，郁闭度 0.8～0.95，伴生植物秋茄、桐花树等，如图 3－231 所示。

黄槿叶具长柄，叶大呈椭圆形，花黄色含花蜜，树皮纤维发达，是优良乡土半红树树种。其群落冠层浓密，是发挥当地湿地生态系统观赏、遮阴、抗风和提供鸟类栖息地等重要功能的景观元素，可加强其保护并在两岸恢复此景观。

图 3－231　黄槿群落

3.3.8 露兜树群落

露兜树群落属于红树林湿地类型的露兜树群系，是东涌红树林常见的沿岸半红树群落类型，面积 0.02 hm²，呈块状或条带状分布，沿岸高潮线生长，也见于人工湿地堤坝上和沿海山间谷地。如图 3－232 所示，植株丛生状繁茂，叶长边缘和中脉背面有倒锯齿状刺，树干基部支柱根发达，可独木成林，群落外观绿色易于区分，群落高 2.0～4.5 m，郁闭度 0.9～1.0，植株胸径多为 9.0～11 cm。

图 3－232　露兜树群落

伴生植物有黄槿、海漆、老鼠簕等，层间植物有海岛藤、三叶鱼藤、海刀豆、无根藤等。

露兜树群落发展到 4～5 m 高度时，因叶聚生枝干顶端，林冠下增加了通达性，同时，树干基部有光滑的圆柱形支柱根，其果实如菠萝形态，十分独特并可食用或药用，甚是美观，应加强保护。

3.3.9 苦郎树群落

苦郎树群落属于红树林湿地类型的苦郎树群系，是东涌红树林沿岸常见的红树群落类型，面积 0.24 hm²，呈条带状分布，沿岸临水至高潮线生长，也见于人工湿地堤岸上。如图 3－233 所示，苦郎树群落多丛生，植株纤细多丛生状向堤外披散，林相外观淡绿色易于区分，群落高 1.5～2.5 m，郁闭度 0.9～1.0，植株胸径多 1.0～2 cm。伴生植物有桐花树、老鼠簕、露兜树等，层间植物有海岛藤、鱼藤、海刀豆、无根藤等。

图 3－233 苦郎树群落

3.3.10 草海桐群落

草海桐群落属于红树林湿地类型的草海桐群系，是东涌红树林沿岸稀见的半红树群落类型，面积 0.01 hm²，呈单一块状分布，沿岸临水至高潮线生长，如图 3－234 所示。草海桐具有较高的观赏价值，宜加强保护和在海岸绿化中推广应用。

图 3-234　草海桐群落

3.3.11　马甲子群落

　　马甲子群落尚未纳入红树林湿地类型中的植物群系名录中，是东涌红树林湿地独特的一种植物群系，面积约 0.01 hm²。其群落林相高 4.5 m，郁闭度 0.7 左右，胸径 3.0～4.4 cm，呈丛生状，树干纤细通直，与草海桐群落生境相近，如图 3-235 所示。

　　马甲子植物体具刺，国内南北广泛分布，其核果实杯状，周围具木栓质三浅裂的窄翅，直径 1～1.7 cm，外观形态独特。各地用其作围篱，成本低；其根、枝、叶、花、果均供药用，有解毒消肿、止痛活血之效，可治痈肿溃脓等症。

　　马甲子在东涌河半红树生境中形成单优群落，其种质资源极其珍贵，应加强保护和在绿化中推广应用。

图 3-235　马甲子群落

第4章 东涌红树林植物分布及多样性调查

4.1 红树林湿地生态系列

湿地植物适应不同土壤水分环境形成一定的生态系统。根据东涌红树林湿地植物分布踏查结果，其分布优势植物从高潮位到较低潮位分布的生态系列为：

优势植物种类	立地海拔高程
血桐＋乌桕＋台湾相思＋潺槁树等陆生植物—	1.5～5 m
——黄槿＋露兜树＋苦郎树等半红树植物—	0.4～3 m
——海漆＋木榄＋桐花树（蜡烛果）—	0.3～1.2 m
——秋茄＋白骨壤（海榄雌）＋老鼠簕—	0.2～0.5 m

4.2 红树植物群落分布

植物群落是建群植物种类集中分布的生境所在，反映了植物分布的规律性。根据无人机影像及实地踏查与样方调查结果，本园红树林湿地优势群落为海漆群落，面积为2.39 hm²，主要分布于南岸中部、河道中部滩涂和北岸东段；其次是秋茄，其幼林阶段群落分布于河道中下游低高程裸露滩涂，沿河道临水两侧，成熟林见于南岸中部及河道小岛，并常在海漆群落中形成垂直结构的第二层林冠；白骨壤群落具有先锋群落特征，见于河道中下部，林相黄绿色；木榄群落见于近中部南岸林地中；老鼠簕群落多见于各真红树植物群落林下及河道东北岸水边。半红树植物群落以黄槿和露兜树分别形成单优群落，多分布于东段南岸，以单株生长方式也见于北岸东端沿岸。

沿岸还零星分布有榕树、血桐、乌桕、台湾相思、木麻黄、潺槁木姜子、水翁等水陆两栖树种，树高多达5～8 m，构成沿岸高大树木景观。

本园红树林群落分布见图4-1。

图 4 - 1　东涌红树林群落分布图

4.3　红树林湿地植物分布

因为每个树种存在外观叶形、冠形和季节变化差异，根据实地踏查记录及航片解读，获得红树林湿地植物分布图，如图 4 - 2 所示。

海漆是本园分布最显著的红树植物。它构成单优的高大群落或混交在其他真红树优势群落中，外观黄绿色混杂点点红色老叶，树冠开阔较松散，展示了东涌红树林的森林多彩之美丽。根据样方数据和分布范围推算，3 m 以上高的植株共约 0.7 万株，5 m 以上高的植株共约 2100 株，8 m 以上高的植株共约 50 株。

秋茄是本园红树林湿地红树植物中分布植物株数最多的真红树树种。它构成单优的先锋群落或混交在海漆等其他真红树优势群落中，以翠绿色外观镶嵌在海漆群落等及沿岸临水边，展示了东涌红树林的森林珠翠之美丽。根据样方数据和分布范围推算，1 m 以上高的植株共约 1 万株，2 m 以上高的植株共约 2300 株，4 m 以上高的植株共约 120 株，幼苗共约 1 万余株。

桐花树分布介于海漆和秋茄生境过渡狭小地带或与秋茄等真红树树种混交林中。其植株丛生，高多数为 1~2.5 m，树干弯曲常向临水斜长，外观淡绿色，叶表多盐结晶，光照下有晶体闪光，花呈白色，果如辣椒中的尖椒，可作为观赏植物和生物盐收集植物。根据样方数据和分布范围推算，1 m 以上高的植株共约 0.4 万株，2 m 以上高的植株共约 800 株。

木榄与海漆生境要求相近，根据样方数据和分布范围观测，2 m 以上高的植株共约 12 株，最高一株木榄 3.5 m 高，木榄幼苗共约 200 株。

白骨壤与秋茄生境要求相近，但较不耐水土流失的地貌环境，本园白骨壤少量见于秋茄幼林小班，也形成小块群落，白骨壤植株高 0.5～2.5 m，1 m 以上高的植株共约 130 株，2 m 以上高的植株共约 30 株，白骨壤幼苗共约 500 株。

老鼠簕主要见于临水较低潮地貌，分布高程范围与秋茄和白骨壤的相同，丛生或散生，高 0.5～0.7 m，约有 1 万株。

图 4-2 东涌红树林湿地主要植物种类分布位置图

4.4 样方的分布及其群落优势种组成

在东涌天然红树林湿地划分三个斑块区域：A、B 和 C 林地共设置了 24 个样方，依据群落生境及林相高度选择样方大小，样方设置充分体现了红树群落的典型性和代表性，其中红树植物幼苗生活型记入草本层，见表 4-1。调查样方分布见图 4-3。

表 4-1 东涌红树林林地样方设置及所在样方的群落类型

分区	样方号	样方地理坐标 GPS	群落类型
A 区（南岸区）	A1	22.489382°N，114.57729°E	秋茄群落
	A2	22.493549°N，114.576497°E	露兜树群落
	A3	22.491302°N，114.576953°E	黄槿群落
	A4	22.490709°N，114.576352°E	马甲子群落
	A5	22.491235°N，114.576572°E	秋茄群落
	A6	22.491626°N，114.575933°E	海漆（+木榄）群落
	A7	22.492293°N，114.575414°E	海漆群落
	A8	22.49385°N，114.573441°E	黄槿群落

分区	样方号	样方地理坐标 GPS	群落类型
B 区（北岸区）	B1	22. 495984°N. 114. 270250°E	露兜树群落
	B2	22. 495984°N. 114. 270183°E	苦郎树群落
	B3	22. 495988°N. 114. 270195°E	海漆群落
	B4	22. 496288°N. 114. 321175°E	秋茄群落
	B5	22. 494501°N，114. 574857°E	白骨壤群落
	B6	22. 494772°N，114. 575229°E	海漆群落
	B7	22. 494695°N，114. 575062°E	秋茄群落
	B8	22. 496273°N，114. 51339°E	桐花树群落
	B9	22. 496174°N，114. 570706°E	秋茄（＋桐花树）群落
	B10	22. 496252°N，114. 57111°E	老鼠簕群落
	B11	22. 495984°N. 114. 270189°E	阔苞菊群落
C 区（河心岛区）	C1	22. 493767°N，114. 573738°E	秋茄群落
	C2	22. 493653°N，114. 574081°E	秋茄（幼林）群落
	C3	22. 495543°N，114. 573021°E	海漆群落
	C4	22. 495547°N，114. 573027°E	桐花树群落
	C5	22. 494718°N，114. 575168°E	海漆群落

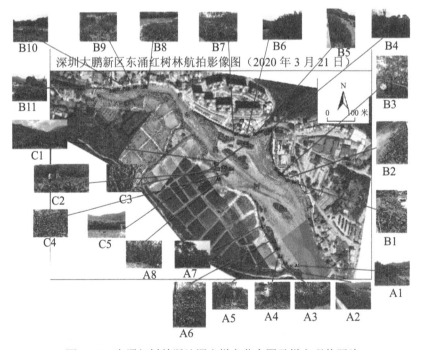

图 4 – 3　东涌红树林湿地调查样方分布图及样方现状照片

4.5 植物多样性

根据样方调查结果，在 A 区即南岸区红树林中设置了 8 个代表性样方，物种丰度为 8 种。按重要值由大到小，A 区乔木层由黄槿、海漆、秋茄、马甲子、木榄组成；乔木层 Shannon-Wiener 指数为 1.33，Simpson 指数为 0.70，Pielou 指数为 0.82。A 区灌木层由桐花树、秋茄、草海桐、露兜树组成；灌木层 Shannon-Wiener 指数为 1.18，Simpson 指数为 0.65，Pielou 指数为 0.85。A 区草本层（红树植物幼苗层）由木榄幼苗和秋茄幼苗组成；草本层 Shannon-Wiener 指数为 0.50，Simpson 指数为 0.32，Pielou 指数为 0.72，见表 4-2 和表 4-3。

根据样方调查结果，在 B 区即北岸区红树林中设置了 11 个代表性样方，物种丰度为 9 种。按重要值由大到小，B 区乔木层由海漆、秋茄、白骨壤、桐花树、木榄、潺槁树组成；乔木层 Shannon-Wiener 指数为 1.13，Simpson 指数为 0.61，Pielou 指数为 0.63。B 区灌木层由桐花树、苦郎树、秋茄、露兜树、阔苞菊组成；灌木层 Shannon-Wiener 指数为 1.30，Simpson 指数为 0.67，Pielou 指数为 0.81。B 区草本层（红树植物幼苗层）由木榄幼苗和秋茄幼苗组成；草本层仅见老鼠簕，Shannon-Wiener 指数为 0，Simpson 指数为 1，Pielou 指数无数据，见表 4-4 和表 4-5。

根据样方调查结果，在 C 区即河心区红树林中设置了 5 个代表性样方，物种丰度为 9 种。按重要值由大到小，C 区乔木层由海漆、秋茄、桐花树组成；乔木层 Shannon-Wiener 指数为 0.75，Simpson 指数为 0.51，Pielou 指数为 0.69。C 区灌木层由桐花树、秋茄组成；灌木层 Shannon-Wiener 指数为 0.47，Simpson 指数为 0.29，Pielou 指数为 0.67。C 区草本层（红树植物幼苗层）由老鼠簕、秋茄幼苗组成；草本层 Shannon-Wiener 指数为 0.68，Simpson 指数为 0.44，Pielou 指数为 0.62，见表 4-6 和表 4-7。

表 4-2 东涌红树林湿地 A 区样方调查结果

样方编号	物种	生活型	样方大小	密度/(株/m²)	高度/m	胸径/基径/cm	胸/基面积/cm²
A1	秋茄	灌木	5 m×5 m	0.28	1.4	5.9（基）	246.54
A2	露兜	灌木	5 m×5 m	0.88	4.5	10.0（基）	1727.00
A3	黄槿	乔木	5 m×5 m	1.32	5.0	8.3（胸）	1993.90
A4	马甲子	乔木	5 m×5 m	0.36	4.3	3.4（胸）	82.43
	草海桐	灌木	5 m×5 m	0.16	1.2	2.9基）	30.92
A5	秋茄	乔木	5 m×5 m	0.36	3.7	7.8（胸）	525.16
	桐花树	灌木	5 m×5 m	0.64	1.6	7.0（基）	615.44
	秋茄幼苗	草本	5 m×5 m	1.20	0.5	1.0（基）	23.55
A6	海漆	乔木	5 m×5 m	0.48	4.2	6.4（胸）	422.59
	木榄	乔木	5 m×5 m	0.20	2.5	3.5（胸）	53.65
	木榄幼苗	草本	5 m×5 m	1.16	0.8	3.0（基）	204.89

样方编号	物种	生活型	样方大小	密度/(棵/m²)	高度/m	胸径/基径/cm	胸/基面积/cm²
A7	海漆	乔木	5 m×5 m	0.36	4.8	13.1（胸）	1494.35
	秋茄	乔木	5 m×5 m	0.16	3.0	6.8（胸）	166.84
	桐花树	灌木	5 m×5 m	0.32	1.8	3.7（基）	84.43
	秋茄幼苗	草本	5 m×5 m	3.40	0.4	1.0（基）	66.73
A8	黄槿	乔木	5 m×5 m	0.84	6.7	4.2（胸）	978.17

树种丰富度：8 种

表 4-3　东涌红树林湿地 A 区植物重要值和多样性指数

生活型	物种	相对多度/%	相对显著度/%	相对频度/%	重要值/%	Shannon-Wiener指数	Simpson指数	Pielou指数
乔木层	黄槿	41.2	52.0	25	39.40	1.33	0.70	0.83
	海漆	16.0	33.5	25	24.83			
	秋茄	32.1	12.1	25	23.07			
	马甲子	6.9	1.4	12.5	6.93			
	木榄	3.8	0.9	12.5	5.73			
灌木层	桐花树	42.1	25.9	25	31.00	1.18	0.65	0.85
	秋茄	12.3	9.1	12.5	11.30			
	草海桐	7.0	1.1	12.5	6.87			
	露兜	38.6	63.9	12.5	38.33			
草本层	木榄幼苗	20.1	69.4	12.5	34.00	0.50	0.32	0.72
	秋茄幼苗	79.9	30.6	25	45.17			

表 4-4　东涌红树林湿地 B 区样方调查结果

样方编号	物种	生活型	样方大小	密度/(棵/m²)	高度/m	胸径/基径/cm	胸/基面积/cm²
B1	苦郎树	灌木	3 m×3 m	1.11	2.5	2.0（基）	31.40
	露兜树	灌木	3 m×3 m	1.33	2.0	10（基）	942.00
B2	苦郎树	灌木	3 m×3 m	10.0	2.0	2.0（基）	282.60
B3	海漆	乔木	10 m×10 m	0.25	4.7	9.2（胸）	1932.29
	潺槁树	乔木	10 m×10 m	0.01	7.5	2.8（胸）	44.16
	秋茄	乔木	10 m×10 m	0.04	4.5	2.7（胸）	54.68
	桐花树	灌木	10 m×10 m	0.02	2.0	2.0（基）	6.28

续表 4 - 4

样方编号	物种	生活型	样方大小	密度/(株/m²)	高度/m	胸径/基径/cm	胸/基面积/cm²
B4	秋茄	乔木	10 m×10 m	0.21	5.1	8.0（胸）	1295.88
	海漆	乔木	10 m×10 m	0.21	4.5	6.1（胸）	773.17
	桐花树	灌木	10 m×10 m	0.13	1.5	3.7（基）	138.53
B5	白骨壤	乔木	5 m×5 m	0.2	2.5	4.3（胸）	79.75
	秋茄	乔木	5 m×5 m	0.12	2.2	4.9（胸）	65.94
	海漆	乔木	5 m×5 m	0.04	2.0	4.5（胸）	15.90
	老鼠簕	草本	5 m×5 m	1.04	0.5	1.0（基）	20.41
B6	海漆	乔木	5 m×5 m	0.36	3.3	4.2（胸）	150.12
	秋茄	乔木	5 m×5 m	0.88	5.9	5.6（胸）	369.21
	桐花树	乔木	5 m×5 m	0.28	6.1	5.0（胸）	294.31
	老鼠簕	草本	5 m×5 m	8	0.5	1.0（基）	157.00
B7	木榄	乔木	5 m×5 m	0.04	3.0	6.8（胸）	36.30
	海漆	乔木	5 m×5 m	0.36	5.1	9.7（胸）	621.56
	桐花树	灌木	5 m×5 m	0.36	2.0	4.5（基）	143.07
	秋茄	灌木	5 m×5 m	0.52	1.5	4.0（基）	163.28
	老鼠簕	草本	5 m×5 m	6	1.0	1.0（基）	117.75
B6	桐花树	灌木	5 m×5 m	3.28	1.5	2.7（基）	489.45
	秋茄	灌木	5 m×5 m	0.64	1.3	3.1（基）	124.03
	老鼠簕	草本	5 m×5 m	1.6	0.5	1.0（基）	31.40
B9	老鼠簕	草本	3 m×3 m	5.33	0.7	2.0（基）	150.72
B10	秋茄	灌木	3 m×3 m	2.56	0.82	3.0（基）	204.10
	桐花树	灌木	3 m×3 m	0.89	1.5	3.0（基）	56.52
B11	阔苞菊	灌木	3 m×3 m	1.11	1.8	3.4（基）	90.75

树种丰富度：5 种

表 4 - 5　东涌红树林湿地 B 区植物重要值和多样性指数

生活型	物种	相对多度/%	相对显著度/%	相对频度/%	重要值/%	Shannon-Wiener 指数	Simpson 指数	Pielou 指数
乔木层	海漆	43.0	63.8	41.7	49.50	1.13	0.61	0.63
	秋茄	44.0	32.7	41.7	39.45			
	白骨壤	7.0	1.5	8.3	5.60			
	桐花树	4.2	0.7	8.3	4.40			
	木榄	1.4	0.7	8.3	3.47			
	潺槁树	0.4	0.8	8.3	3.17			

生活型	物种	相对多度/%	相对显著度/%	相对频度/%	重要值/%	Shannon-Wiener 指数	Simpson 指数	Pielou 指数
灌木层	桐花树	21.9	37.2	50	36.37	1.30	0.67	0.81
	苦郎树	50.2	10.7	16.6	25.83			
	秋茄	16.8	16.8	25	19.53			
	露兜树	6.0	32.2	8.3	15.50			
	阔苞菊	5.0	3.1	8.3	5.47			
草本层	老鼠簕	100	100	41.6	81	0	1	—

表 4-6 东涌红树林湿地 C 区样方调查结果

样方编号	物种	生活型	样方大小	密度/(棵/m²)	高度/m	胸径/基径/cm	胸/基面积/cm²
C1	秋茄	乔木	5 m×5 m	1.04	1.6	5.75（胸）	1084.14
	秋茄幼苗	草本	5 m×5 m	2.00	0.5	1.0（基）	39.25
	老鼠簕	草本	5 m×5 m	4.48	0.7	1.2（基）	126.60
	桐花树	灌木	5 m×5 m	0.32	0.5	5.5（基）	235.5
C2	秋茄	灌木	5 m×5 m	2.08	0.5	1.7（基）	169.38
	桐花树	灌木	5 m×5 m	0.44	0.3	1.2（基）	12.43
	老鼠簕	草本	5 m×5 m	0.12	0.3	1.0（基）	2.36
C3	海漆	乔木	10 m×10 m	1.09	5.3	8.5（胸）	8585.94
	桐花树	乔木	10 m×10 m	0.04	3.5	3.7（胸）	56.10
C4	桐花树	灌木	2 m×2m	8	1.7	6.5（基）	265.33
	老鼠簕	草本	2 m×2m	1	0.5	1.0（基）	0.79
C5	桐花树	灌木	5 m×5 m	1.36	2.0	8.7（基）	1835.33
	秋茄	乔木	5 m×5 m	0.2	2.6	7.5（胸）	261.60
	海漆	乔木	5 m×5 m	0.36	3.0	6.9（胸）	381.31
	秋茄幼苗	草本	5 m×5 m	0.4	0.5	1.2（基）	11.30
	老鼠簕	草本	5 m×5 m	0.12	1.5	2.0（基）	9.42

树种丰富度：5 种

表 4-7 东涌红树林湿地 C 区植物重要值和多样性指数

生活型	物种	相对多度/%	相对显著度/%	相对频度/%	重要值/%	Shannon-Wiener 指数	Simpson 指数	Pielou 指数
乔木层	海漆	54.7	86.9	33.3	58.30	0.75	0.51	0.69
	秋茄	43.8	12.6	33.3	29.90			
	桐花树	1.5	0.5	16.7	6.23			

生活型	物种	相对多度/%	相对显著度/%	相对频度/%	重要值/%	Shannon-Wiener指数	Simpson指数	Pielou指数
灌木层	秋茄	17.6	8.3	33.3	19.73	0.47	0.29	0.67
	桐花树	82.4	91.7	66.7	80.27			
草本层	老鼠簕	69.0	68.4	50	62.47	0.68	0.44	0.62
	秋茄幼苗	29.6	26.6	33.3	29.83			
	苦郎树幼苗	1.4	5.0	16.7	7.70			

4.6 东涌红树林湿地群落结构变化

在韦萍萍等人的论文中，群落由水到陆的生态序列依次为海漆－桐花树群落、海漆群落和黄槿－海漆－桐花树群落。本次调查中，群落由水到陆的生态序列依次为秋茄群落＋白骨壤群落—桐花树群落—海漆群落—黄槿群落；河道因大坝淤积增加了生境，从秋茄的幼树可以推测近几年秋茄群落面积增加。

从表4－8和表4－9中可以看出，韦萍萍等人的论文中，样地海漆群落立木级倒金字塔结构分布显示出衰退群落的特征，Ⅳ级和Ⅴ级立木海漆数量占绝对优势；本次调查中样地海漆群落立木级结构呈现中间大两头小的纺锤形结构，表现为Ⅲ和Ⅳ占绝对优势，未见Ⅰ级幼苗。

表4-8　样地海漆种群高度级分布对比

数据来源	0～2.5 m	2.5～5 m	5～8 m	8～11 m	>11 m
韦萍萍等人，2015	24.23%	35.02%	29.05%	11.02%	0.69%
本次调查	11.67%	49.30%	34.74%	2.89%	0.40%

表4-9　样地群落立木级结构分布对比表

数据来源	Ⅰ级 ($H < 33$ cm)	Ⅱ级 ($H > 33$ cm, $D < 2.5$ cm)	Ⅲ级 (2.5 cm$\leqslant D < 7.5$ cm)	Ⅳ级 (7.5 cm$\leqslant D \leqslant 22.5$ cm)	Ⅴ级 ($D > 22.5$ cm)
韦萍萍等人，2015	4.88%	2.81%	9.13%	41.96%	41.22%
本次调查	0.00%	4.69%	52.11%	42.25%	0.94%

第5章 东涌红树林湿地园生态修复工程

5.1 项目概况

东涌红树林湿地园项目位于深圳大鹏半岛南端的南澳街道办东涌社区，项目以生态恢复，保育红树林为主，总占地面积 49.43 万 m²，实际建设动土面积 18.18 万 m²，其中地面硬质铺装约 5000 m²、绿化面积约 5.3 万 m²、水体面积约 12.3 万 m²。项目规划核心保护区、湿地缓冲区、湿地体验区、管理服务区及山林体验区等五个景观分区，设置六个景观节点，包括人行景观拱桥、入口广场、休闲广场、人工湖区、自然湿地区、生态绿道等。

主要建设内容：景观拱桥 1 座、自然学校 1 座、观鸟塔 1 座、廊架 4 座、架空栈道 300 m、木栈道 1300 m、六位一体水生态 3.5 万 m²、红树湿地 10 万 m²，生态廊道 8 处，以及湿地生态补水工程、水土保持工程、照明监控工程、排水工程、绿化种植工程等。

项目投资总概算 9682 万元。项目于 2019 年 12 月 1 日开工，2022 年 6 月 29 日竣工。

项目特点：以保护海漆红树林，生态修复为主；本底调查先行，专业团队指导，增种乡土植物，清理外来物种；增设生态廊道，提供动物迁徙通道；建设六位一体原生态系统，达到净化水体，水清岸绿，鱼翔浅底效果；建设自然科普基地，自然学校、红树林展厅、科普牌等多方式融教于自然。构建人与动物相望不相扰，人与自然和谐共生的典范。

建设单位：深圳市大鹏新区建筑工务署
勘察单位：深圳市勘察研究院有限公司
设计单位：中国市政工程西北设计研究院有限公司
监理单位：深圳市大兴工程管理有限公司
施工单位：深圳市建工建设集团有限公司
水生态分包单位：广东古匠环保科技有限公司

5.2 前期分析

5.2.1 区位分析

东涌红树林湿地园位于深圳市大鹏新区东涌社区东涌河口，建设范围主要位于大鹏半岛自然保护区实验区范围内，同时也在深圳市基本生态控制线范围内，如图 5-1 所示，总面积 49.43 公顷。

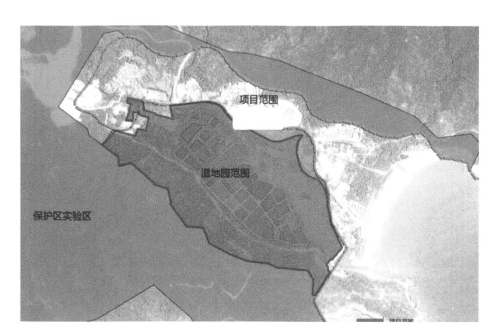

图 5 - 1　东涌红树林湿地园范围

5.2.2　上位规划

1.《大鹏半岛自然保护区总体规划》

为了更好保护具有区域特色的生态资源和生态系统，合理利用资源进行科普宣教，总体规划中明确将该区域规划为红树林园。

保护对象：主要是东涌河口的红树林湿地。

规划定位：综合性科研基地，专业化宣教基地（中期建设）。

功能定位：以湿地景观、主题旅游和海滨浴场为主要吸引点的滨海旅游服务基地；大鹏半岛国家地质公园的主要服务基地之一；东西涌国际滨海旅游度假胜地的重要构成部分。

2.《大鹏新区保护与发展综合规划（2013—2020）》

片区定位与开发：东涌片区以湿地园与海滨浴场为主题的滨海旅游度假区。

生态保护与修复规定：东涌红树林湿地处于一级生态保护区，规定在自然环境承载力允许下，少部分人可进入主要从事科学研究观测活动，游览观赏为辅；加强对红树林等典型海洋生态系统的调查、监测和研究，逐步实施红树林培育计划，恢复红树林生态系统的功能。

建设控制规定：东涌属于一级建设控制区。

5.2.3　周边用地

湿地园周边用地主要包括水域、绿地、林地/未利用地、居住区、海滩等。如图 5 - 2 所示。

图 5 – 2　东涌红树林湿地园周边用地

5.2.4　地形地貌

项目北侧为东涌水库；东北侧为河流，平均海拔低于 2 m；东侧为民宿、居民楼等建筑群；东南侧为东涌河流入海口，毗邻东涌沙滩旅游景点，场地内部地貌类型丰富，如滩涂、溪流、海岸、山体等；西南侧为山体，海拔高 20～80 m。

场地内地势西南高，东北低，最高点位于场地南部，东北部河流与坑塘平均海拔低于 2 m。山体区地势陡峭，陡坡最大区超过 50 度，河流与坑塘地区地势平缓。场地西南部坡向以东北向为主，东北部坡向以西南向为主。如图 5 – 3 所示。

图 5 – 3　东涌红树林湿地园原貌（2019）

5.2.5 现状污水情况

东涌社区范围污水系统已完善，雨污已分流，无污水入河。西侧有正在运行的东涌临时污水处理站，东涌污水处理站正在建设，设计污水处理能力 3000 m³/日，拟于 2022 年 2 月投产，临时污水处理站拆除，污水处理能力满足远期东涌社区人口增长规划需求。

5.2.6 现状防洪情况

东涌红树林湿地园周边现状防洪情况如图 5-4 所示，水库下游排洪渠长 1100 m，排洪渠宽 30～40 m，连接东涌水库溢洪道和潟湖，排洪渠左岸为东涌社区市政道路，护岸为直立的浆砌石挡墙，挡墙高约 2.5 m，右岸为自然的生态断面，基本无房屋建筑，两岸植被茂盛，水质清澈。东涌水库最大泄量 171.31 m³/s（$P=1\%$），经复核下游排洪渠能满足排洪要求。

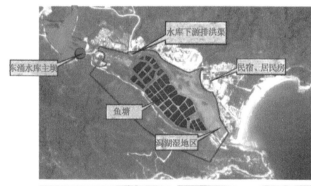

水库现在仍在修建，尚未投入使用，东涌水库总库容 1190.99 万 m³，为中型水库，主坝为粘土心墙土石坝，最大坝高 56 m、坝顶长度 337 m。

水库下游排洪渠长 1100 m，排洪渠宽 20～40 m，连接东涌水库溢洪道和潟湖，排洪渠左岸为东涌社区市政道路，护岸为直立的浆砌石挡墙，右岸为自然的生态断面，基本无房屋建筑，两岸植被茂盛。

潟湖右岸为面积约 18 万 m² 鱼塘，鱼塘西南侧为植被茂盛的山体。
鱼塘与山体之间有一宽约 2 m 的排洪渠沿山脚通向潟湖。

图 5-4 东涌红树林湿地园周边现状防洪情况

5.2.7 生态敏感性分析

1. 生物敏感性

选取大白鹭作为项目区生物保护分析的指示物种，根据大白鹭的生物学特性，进行生物栖息地适宜性评价。然后选择最佳栖息地并建立物种空间运动阻力面得出活动廊道分析。通过叠加栖息地适宜性分布及活动廊道分布确定生物敏感性分区，如图 5-5 所示，根据分析可知生物敏感性高的区域主要包括：东涌河、红树林等滩涂湿地；植被层次丰富的山区林地。

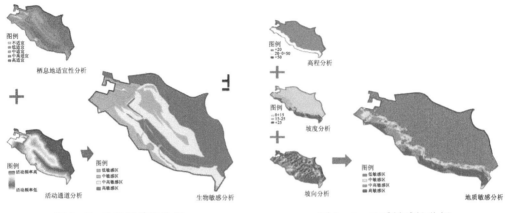

图 5－5　生物敏感性分析　　　　　　图 5－6　地质敏感性分析

2. 地质敏感性

综合分析红树林湿地园高差、坡度、坡向等自然地形要素，通过加权叠加确定地质敏感性分区，地质敏感性强的区域主要包括：高程超过 50 m；坡度大于 15°。如图 5－6 所示，主要为项目区西南部山体，集中在三个区域。

3. 水敏感性

叠加水体缓冲、山体径流、低洼易涝区分析确定水敏感性分区。如图 5－7 所示，水敏感性强的区域主要有：东北部河流水体与低洼地区、现有养殖塘水体、山体自然径流区域。

4. 综合生态敏感性

通过叠加地质敏感分析、水敏感分析及生物敏感分析，得出综合生态敏感性分区，以此为依据划定核心保护区与缓冲区范围。如图 5－8 所示，敏感度较高地区主要集中在红树林与东涌河滩涂地区，以及山体陡坡区域。高敏感区域面积 10.35 hm²，中高敏感区域面积 15.85 hm²。

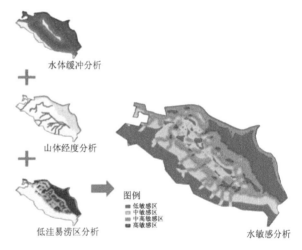

图 5－7　水敏感性分析

生态敏感性评价指标体系表

目标层	准则层	准则权重	指标层	指标权重
生态敏感性	地质敏感性	0.30	高程	0.096
			坡度	0.159
			坡向	0.045
	水敏感性	0.30	水体缓冲区	0.123
			径流缓冲区	0.057
			低洼易涝区	0.120
	生物敏感性	0.40	栖息地适宜性	0.260
			活动通道	0.140

通过叠加地质敏感分析、水敏感分析及生物敏感分析，得出综合生态敏感性分区，以此为依据划定核心保护区与缓冲区范围。敏感度较高地区主要集中在红树林与东涌河滩涂地区，以及山体陡坡区域。高敏感区域面积10.35公顷，中高敏感区域面积15.85公顷。

生态敏感性分区面积表

面积	高敏感区	中高敏感区	中敏感区	低敏感区	总结
面积（公顷）	10.35	15.85	16.74	13.25	56.18
比例	18.3%	28.1%	29.7%	23.9%	100.0%

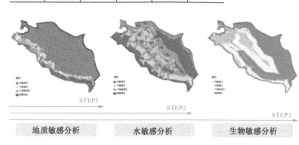

图例
- 低敏感区
- 中敏感区
- 中高敏感区
- 高敏感区

STEP1 地质敏感分析 STEP2 水敏感分析 STEP3 生物敏感分析 综合生态敏感分析

图 5 - 8 综合生态敏感性分析

5.2.8 环境容量分析

本次环境容量计算采用面积法。

面积测算法公式：$C = \dfrac{A}{a} \times D$

式中 C——日环境容量，人次；

A——可游览面积，m^2；

a——每位游客占用合理面积，m^2；

D——周转率（D = 游道全天开放时间/游完全部游道所需时间）。

a 取 300 m^2，开放时间为 10：00—18：00，周转率为 1.5，计算得出完全对外开放区域环境容量为 1576 人，如表 5 - 1、图 5 - 9 所示。

表 5 - 1 东涌红树林湿地园环境容量分析

区域（类别）	面积/hm^2	人均合理游览面积/m^2	周转率	环境容量/人	管理措施
其他区域	31.52	300	1.5	1576	不设控，对外开放
缓冲区域	7.56	600	1	126	通过闸口控制区域最大瞬时容量为126人
核心保护区	10.35	0	0	0	禁止进入区域
合计	49.43			1702	

图 5-9　东涌红树林湿地园区域划分

5.2.9　相关规范

参考《GB 51192—2016 公园设计规范》对湿地园的用地构成进行控制：

依据设计规范湿地园陆地面积大于 20 hm² 小于 50 hm²，公园管理建筑用地比例应少于 0.5%，公园游憩建筑和服务建筑比例应少于 2.5%，园路及铺装场地 10%～20%。

如表 5-2 经复核，湿地园建设符合该规范。

表 5-2　公园设计规范指标

陆地面积/hm²	用地类型/hm²	具体指标/%	湿地园/hm²	具体指标/%
20 hm² ≤ A < 50 hm² 湿地园陆地面积为 32.87 hm²	绿化	>70	30.39	90.51
	管理建筑	<0.5	0.04	0.15
	游憩、服务建筑	<2.5	0.04	0.15
	园路及铺装场地	10～20	2.40	9.19

湿地园各类建筑面积：依据《自然保护区工程设计规范》《自然保护区工程项目建设标准》《自然保护区生态旅游规划技术指导》确定湿地园各类建筑面积：其中科研工程建筑面积为 200～300 m²，宣传工程建筑面积为 ≤200 m²（含陈列展览、资料、多媒体宣教用房等）。

依据湿地园试行规范，《湿地公园设计规范（征求意见稿）》中各类建筑指标如下：如表 5-3 经复核，湿地园建设内容符合湿地公园规范。

表5-3 湿地园建筑用地规范指标

具体类型	湿地园面积/hm²					湿地园指标
	2~5	5~10	10~20	20~50	≥50	49.43
游览、休憩、服务、公用建筑用地比例/%	<5	<4	<3.5	<2.5	<1.5	0.08
管理类建筑用地比例/%	<1	<1	<0.5	<0.5	<0.5	0.08
监测类建筑用地比例/%	<0.5	<0.5	<0.5	<0.5	<0.5	

5.2.10 当前存在问题

（1）东涌旅游业形式单一，缺乏整合与优化。

（2）东涌旅游缺乏全年的吸引点，存在季节性差异，冬季为淡季，游客少，民宿入住率低。

（3）东涌滨海生态旅游资源丰富，红树林湿地尚未进行合理开发与利用。

（4）东涌红树林以海漆、秋茄、桐花树等为优势种群，底栖生物丰富，但目前虫害严重，秋茄及桐花树的叶片被啃噬。

（5）内部缺乏系统的分级交通系统，解决园内可达性并达到科普教育、休闲旅游和体育运动等不同功能。

5.3 项目建设必要性及可行性

5.3.1 项目建设必要性

（1）落实"十九大"生态文明建设的重要措施，推进大鹏地区生态建设的必然选择。

十九大报告中"美丽中国"，经济、政治、文化、社会、生态文明建设"五位一体"总体布局与现代化建设目标有了更好的对接。同时也明确提出坚持人与自然和谐共生，建设生态文明是中华民族永续发展的千年大计。建设东涌红树林湿地园，保护红树林及鸟类等生态资源，是践行生态文明建设，坚持人与自然和谐发展的要求，也是大鹏新区生态建设的必然选择。

（2）东涌红树林湿地园项目建设是市、新区重点项目之一。

东涌红树林湿地园项目是新区落实生态立区，提升生态旅游价值的重点项目，是红树林湿地生态恢复的重点项目。

（3）展示新区生态建设成果的视口和特区精神的文化窗口。

建设湿地园展示新区在环境保护方面在全市的引领示范作用；红树林作为深圳的市

树具有深刻的寓意和文化内涵，是深圳人艰苦奋斗而又朴素务实的精神写照。建设红树林湿地园不光对红树林进行保护与宣教，同时也是深圳特区精神的展示窗口。

（4）维护区域生态系统完整性，保障城市生态安全的迫切需要。

大鹏新区东涌红树林湿地园的建立将使这部分生态用地的控制由"保留"提升至"保护"的高度，在保持较高的森林覆盖率的同时，提升森林生态系统的生物多样性，实现生态环境"质"的提升，从而为深圳市的生态安全格局提供更好的保障。

（5）倡导生态旅游、红树林文化的必由之路。

建设红树林湿地园可以引导普通大众关注红树林生态文化，并积极参与到生态保护中，在倡导生态旅游的同时，拓宽红树林文化传播途径，助力深圳城市文化建设。

（6）东涌的海漆景观是我国少有的面积较大的典型海漆林，具有实施保护的充分必要性。

海漆是东涌片区红树林群落的优势种和建群种，是深圳市现存面积最大的海漆林，在每年的4—6月花果期出现的多彩红树林景观吸引大批游客，带动了旅游业的发展。因缺乏必要的保护，当前海漆分布越来越窄，个体数量也越来越小。

5.3.2 项目建设可行性

（1）项目的建设符合新区相关发展规划的发展要求。

东涌湿地园的建设强调对生态资源的保护，生态系统的修复，同时也关注加强公众对于湿地生态环境的保护意识，符合相关规划建设发展的要求。

（2）相关政府部门的政策支持。

项目前期建设征求过大鹏新区水源管理处、大鹏新区城市管理和水务局、深圳市规划和国土资源委员会（大鹏分局）等多个部门，获得大力支持。2017年11月3日，经广东省人民政府同意，《广东省湿地保护修复制度实施方案》发布，明确提出实行湿地面积总量管控，加快湿地生态系统修复，完善湿地保护体系，确保全省湿地面积不减少，湿地生态功能进一步增强。

（3）景观资源丰富多样，利于形成多样的游览体验。

湿地园具有丰富的红树林生态系统景观资源，外部链接海域具有典型的、优美的滨海景观资源，周围具有层峦叠嶂的山体生态景观资源，山海资源优渥。

（4）顺应时代发展的脉搏，是综合城市景观、生态、文化建设的具体实例；是提升深圳公园之城的具体措施；是城市发展低碳示范区建设的具体案例；保护东涌片区的生态环境，通过湿地园的建设进一步缓解发展与生态保护之间的矛盾。

5.4 总体设计

公园以现有红树林为基础，通过设置空中廊桥、湿地栈道、登山步道等不同形式的游览线路，把人工湿地、淡水湿地、咸淡水湿地、鱼塘湿地进行有机串联，打造一个人、鸟、林"相望不相扰"的"红树邻里"生态社区。公园分为核心保护区、湿地缓冲区、湿地体验区、管理服务区、山林体验区等五个景观分区。核心保护区为东涌河及两岸现有红树林生长区，此区域不涉及建设内容，保持红树林生态生境现状；湿地缓冲区为将东涌河西侧鱼塘现状改造为自然湿地，种植红树植物，拓展红树林湿地面积；湿地体验区为现有鱼塘改造为淡水湿地、游览区、科普区。管理服务区为主体建设区域，包括自然学校等；山林体验区为现有林地，保持现状，修整现有应急道路。

5.4.1 设计理念

以"我们的社区——红树邻里"为理念，以红树林湿地为基石，启动自然，雕琢未来，创建一个重新定义人类与动物、植物和谐共生的社区空间。红树邻里，君子之交；相望不扰，长伴共荣。如图5-10所示。

图 5 - 10 设计理念

5.4.2 设计定位

以滩涂红树林为主、同时具有咸淡水湿地景观为特色的湿地科普教育基地，以湿地景观、主题旅游为主要吸引点的滨海旅游服务基地；以人与自然的和谐相处，保护与利用可持续发展的新区生态名片。打造以红树林保护、鸟类保护为核心，集生态教育、文脉传承与户外休闲旅游为一体的生态科普教育基地、大鹏新区生态保护与建设的典范、深圳市的城市精神家园。

5.4.3 总体布局

方案设计以场地现状为基底，本着"生态为重，保护优先"的保护理念，着眼规划目标，以自然的设计手法，串联起海岸带景观、红树林湿地景观、淡水湿地景观和原生态林景观；以概念构思为指引，运用多种规划策略，在满足使用功能的前提下，力求创造出舒适惬意的环境空间，给人带来自然的美感，感受到设计结合自然的魅力。如图5-11所示。

图 5-11　总体布局

1. 景观结构

景观结构为"一核五区，六景相融"：以红树林、鸟类保护区为核心，另设湿地缓冲、湿地体验、管理服务、山林体验四个景观分区，及六大景观节点的湿地园整体景观格局。如图5-12所示。

图 5-12　湿地园效果图

2. 功能分区

以保护红树林及鸟类区域为核心保护区，另设湿地缓冲区、湿地体验区、管理服务、山林体验区，如图5-13至图5-14所示。

图 5-13　湿地园景观结构图　　　　图 5-14　湿地园功能分区图

核心保护区：在湿地园内主要指现有的红树林、海域、鸟类活动区。该区域为重点保护区域，不允许游人进入。

湿地缓冲区：由于重点保护区域北侧现状为已建成东涌路及民宿，在沿东涌路一侧已有栏杆对游人与湿地园进行隔离。在南侧鱼塘区，新增设大量独立岛，游客无法进入，从而保护红树林生境内部生态群落的独立性和完整性、为鸟类提供更好的栖息地，在靠近山体区域修建栈道，让游客通行和观光。

湿地体验区：指展示湿地生态特征、生物多样性、水质净化等生态功能的区域。将该区域改造成适合红树林生长的滩涂湿地，结合景观小品、科普设施的设计，使游人能够在此体会、感受湿地的文化。

管理服务区：是指在湿地生态特征不明显或非湿地区域建设的可供游客进行休憩、娱乐等活动，以及管理机构开展科普宣教和行政管理工作的场所。位于湿地园的主入口区。

山林体验区：是湿地园的主要公共活动空间，是公共开放区域，主要为南面山体一侧，利用良好的观景视角，设置观景平台、补充休憩设施满足东西涌穿越路线上的游人基本需求。

3. 交通设计

（1）对外交通：东涌红树林湿地园对外交通依靠进入东涌社区的唯一公路东涌路。

（2）内部交通：园区入口广场通过横跨东涌河的步行桥梁与东涌路相连；过东涌老桥经绿道进入园区；跨河水闸上人行道与绿道连接进入园区。场地内部主要规划有生态步道、登山步道、湿地栈道三种类型的园路。同时，利用东涌路和现有西侧道路链接园区道路。湿地栈桥长约 1060 m，湿地栈道长约 1250 m，绿道长约 1254 m，登山步道长约 336 m（现状）。

5.5　详细设计

5.5.1　驳岸设计

驳岸以自然放坡为主，形成生态绿化驳岸，点缀景观石。

图 5 - 15　东涌红树林湿地园管理服务区设计断面

图 5 - 16　东涌红树林湿地园湿地体验区设计断面

5.5.2　竖向设计

根据现有地形，局部进行改造。重点是对于湿地地形的塑造。湿地中的主要竖向设计就是护堤顶标高的设计，标高的设计要考虑到潮水位的影响。红树林生长在 0.5～1.2 m 之间。因此，在对红树林及低盐度湿地进行地形塑造时，池底标高控制在 0.0～0.5 m 之间，重要的集散广场标高高于 4.00 m，部分湿地内的栈道、平台可根据景观要求设置在 2.12～4.00 m 之间。

以现状的地形标高为基础，重要的集散广场高程大于 3.58 m，高空栈桥距离地面的高度为 2.5～4 m。

5.5.3　节点设计

1. 自然学校

自然学校位于湿地园主要入口，利用现有鱼塘形成水景，室外设置生态广场集散场地人流，建筑采用集装箱式，风格简洁、大气，室内开展湿地教育，在东侧设立人工湿地，形成户外的湿地科普景观，如图 5 - 17 所示。自然学校采取沉浸式＋场景主体交换式，集合展览展示，集成装置设计、沉浸式场景空间的多层次视听体验，通过数字化影片、艺术沙盘、交互查询、体验平台共同演绎。

自然学校布局：一楼有展厅、临时展厅、广场花园、厕所、服务中心、管理房；二楼有多功能厅、教室、室外平台、办公室、图书室等。

图 5-17　自然学校效果图

把人带到自然中去，参与到沉浸式红树林场景展示厅，包括序厅、主题厅、专题厅、体验厅、沉浸式体验厅、尾厅。如图 5-18 至图 5-19 所示。

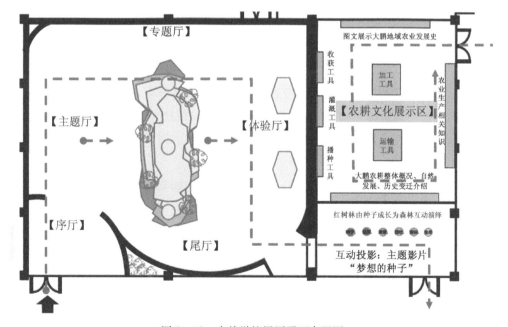

图 5-18　自然学校展厅平面布置图

序厅为国家战略、顶层设计，包括：国际形势、全球碳中和及各国排放指标（大数据）、习近平主席重要论述"金山银山就是绿水青山"、"构建自然生态命运共同体"、中国"十四五"规划对生态环境建设的政策部署和指导方针等内容如图 5-20 所示。

主题厅为海洋绿肺·海岸卫士，内容包括全球主要红树林分布及现状、红树林的生态价值和作用、中国红树林自然保护

图 5-19　自然学校展厅效果图

区介绍、深圳红树林概况、大鹏红树林概况等内容电子屏介绍、绿植、主题名，如图 5-21 所示。

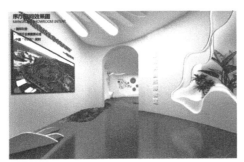

图 5-20　序厅效果图

图 5-21　主题厅效果图

专题厅为顺应自然、和谐自然，内容包括深圳红树林分布地图、红树林展示、东涌红树林湿地园生态系统动植物种群、东涌红树林湿地动植物介绍、仿真红树林生态系统，鸟类、植被、鱼虾蟹、浮游生物等东涌红树林动植物数字档案数字影像＋互动查询＋实物切片标本（植物类），如图 5-22 所示。

体验厅为敬畏自然、守护自然人类视角，包括多功能交互体验厅，听——红树林的声音：海潮拍击声、风雨等自然天气声和珍稀鸟类、蛙类等小动物鸣叫声；看——红树林的色彩：红树林四季的变化以及各种丰富色彩动植物的演绎展示；感—— 红树林的生长：红树林不同生长周期的观测和特性展示（认领红树种子或小苗，编号，人工规划湿地中种植）等内容。如图 5-23 所示。

图 5 - 22　专题厅效果图 图 5 - 23　体验厅效果图

尾厅为绿色赋能、美好生活，包括未来愿景"人居家园，生态地球"介绍中国未来绿色生态环境及城市、经济、社会与自然的和谐、共存、发展之道；数字化拍照留影：东涌自然保护区中珍稀动植物的动态形象合影，手工制作证书，成为保护红树林"小卫士"等内容。如图 5 - 24、图 5 - 25 所示。

图 5 - 24　尾厅效果图 1 图 5 - 25　尾厅效果图 2

多功能厅及教室把自然生态引入空间，模拟生态意境，仿佛畅游在纯粹的自然中，感受一种轻松、随意、舒适、快乐的氛围。如图 5 - 26 所示。

二楼廊道作为动植物标本或图片的展示区，观山观景的廊道。如图 5 - 27 所示。

图 5 - 26　多功能厅及教室效果图 图 5 - 27　二楼廊道效果图

2. 入口景观桥

入口平台、公园 LOGO、景观桥、入口广场、休息廊架等组合,展示现代自然风格,游客引导进入园区,如图 5-28 至图 5-29 所示。

图 5-28 入口景观桥效果图   图 5-29 湿地园 LOGO 效果图

3. 湿地科普区

如图 5-30 至图 5-31 所示,该区域设置生态岛、观景屋、科普栈道穿梭其间,多样式的水岸形成多种滨水休闲空间,让人步移景异,美不胜收。

图 5-30 湿地栈道效果图   图 5-31 湿地景观效果图

4. 红树观鸟区

如图 5-32 所示,对该区域原生红树林进行生态修复和补植,形成绿的海洋,同时充分利用现有基围鱼塘,在保护原有红树林基础上,进行整理连通,沿岸种植红树植物,提高生态系统的连续性与完整性。设置教育径,在红树湿地绿水间融入人的身影,让人以平等而谦逊的姿态走进自然,感受自然,回归自然 。

图 5 – 32   红树观鸟区效果图

5. 山林掠影区

如图 5 – 33 至图 5 – 34 所示，沿着山体设置登山步道，观景平台、观景亭等。在局部区域种植樱花形成季节性花海效果，丰富景观体验。充分利用场地高差条件，开阔视野，俯瞰整个园区生态景观。

图 5 – 33   山林掠影区平面图   图 5 – 34   山林掠影区效果图

5.5.4   建筑设计

1. 自然学校

共两层，集装箱式钢结构临时建筑，总面积 396 m^2，一楼以科普展示为主，服务功能；二楼以办公、科研、教学、观景为主。

2. 空中栈桥设计

空中廊桥架于场地之上，经过湿地的部分高出地面 2.5 ～ 4 m，大部分宽度为 2.5 m 宽，步行面为防腐竹材。局部特殊段设计充分考虑了休憩、科普教育和湿地活动的功能。

建设意义：空中栈桥的建设减少场地建设对湿地生态的影响，给动植物提供更多的生长栖息环境；完善园内环形游线，通过不同高差形成不同游览活动，并且有效解决各节点的交通链接；丰富园内景观视线，给游客提供更多远眺湿地的观景空间。

它是一条"架活"东涌红树林湿地之桥，它是一条兼具休闲观光、湿地活动及科普教育的功能之桥，它是一条展示东涌名片的形象之桥，它是一条构建园内智慧湿地的智能生态之桥。

元素提取：舞草龙 + 民宿文化 + 集装箱。

（1）元素提取之形——舞草龙：深圳大鹏新区是深圳的"文化之根"。非物质文化遗产丰富，其中舞草龙民风民俗被列入广东省非物质文化遗产名录。设计该桥的灵感源于大鹏当地民俗文化中的舞草龙，全桥采用流线造型，配合桥梁丰富多变的平面线形，时而盘绕在东涌河和基围鱼塘湿地之上，时而回旋于湿地林中，仿佛佳节中的舞草龙在水面、湿地林间翻滚腾挪，它超越了简单的交通功能。同时，空中廊桥还成为游客居高观景的重要场所，人们可以在步行桥上凭栏远眺，观赏东涌河江景和红树林湿地。空中廊桥可谓一桥"架活"了东涌红树林湿地。

（2）元素提取之色——红树林自然色：通过颜色对相关鸟类的影响性分析，鸟类对自然色的影响性较小，本次方案设计运用红树林本身的色彩——绿色系为主。色彩清新、自然，具有较强生命力的颜色。

（3）元素提取之料——集装箱：本次设计的空中廊桥在选材上遵循简易、节约的原则。主要采用"集装箱"材质。它汇集了轻便、实惠、取材易的优势。

5.5.5　六位一体生态设计

景观湖为新开挖湖体，面积25498 m²，但由于缺乏大型沉水植被，食物网结构不合理，生物多样性差，生态系统结构与功能不健全，因而进行六位一体水生态设计，如图5－35所示。

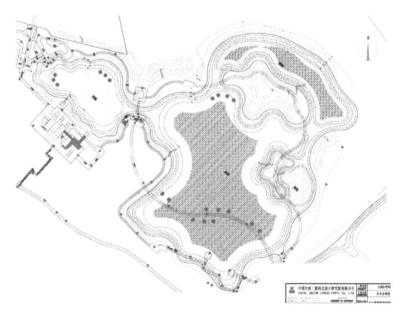

图5－35　六位一体水生态设计

建设目标：沉水植物恢复 60% 以上覆盖率，水体长期维持清水态，年均透明度 1.5 m 以上；维持良好水质：水体主要富营养指标（总磷、氨氮、COD，溶解氧）达到《地表水环境质量标准》（GB 3838—2002）Ⅲ类标准（除暴雨期外），杜绝水体黑臭；食物网结构健康完善，生物多样性大幅增加。详见第 6 章。

本项目主要设计指标：

（1）生态系统复位工程（基底改良活化及营养盐钝化工程）。

基底改良活化：消毒剂 10 g/m^2、活化剂 15 g/m^2。

营养盐钝化剂：①品名 SZDG 专用营养盐钝化剂，为生物改性制剂，是一种通过黏土矿物膨润土改性而制成的产品。②作用：该产品通过加入稀有元素镧与污染水体中的磷酸盐作用，形成不溶于水的磷酸镧（$LaPO_4 \cdot nH_2O$），从而达到消除磷污染、控制目标水体中富营养化以及藻类（蓝藻、绿藻等）大规模繁殖的问题。③使用方法：兑水溶解，搅拌均匀后整湖泼洒。

（2）水生植物群落恢复工程，主要为沉水植物恢复：①改良四季常绿矮型苦草 125 株/m^2，14023 m^2；②改良亚洲刺苦草 125 株/m^2，6375 m^2；③改良马来眼子菜 90 株/m^2，3825 m^2；④改良轮叶黑藻 90 株/m^2，1275 m^2；⑤景观睡莲 2 芽/盆；2 盆/m^2，420 m^2。

（3）浮游——底栖双食物网构建：①藻类，生物净藻种群体长 0.1～2 mm，20 只/m^2，25498 m^2；水体 pH 调节剂 10 g/m^2，25498 m^2；②鱼类群落构建：观赏狮子头金鱼 10～15 cm/尾，共 320 尾；黑鱼 10～15 cm/尾，共 80 尾；黄颡鱼 10～15 cm/尾，共 120 尾；景观麦穗鱼 2～3 cm/尾，共 2900 尾；③底栖类群落：环棱螺直径 1～2 cm，共 64000 个；河蚌直径 1～2 cm，共 2400 个；青虾体长 2～4 cm，共 1800 只。

生态系统调整与优化：漂浮增氧机喷泉，共 5 套。

5.6 主要建设内容

5.6.1 保护工程

（1）入侵植物清除。入侵植物主要分布在红树林及乡土植物边缘，基围田埂等区域，有百花鬼针草、薇甘菊、五爪金龙、蟛蜞菊、马樱丹等。对于分布在红树林、乡土植物群落边缘、郁闭小的林地边缘区域，并且对红树及其他林木生长、群落演替、景观多样性等造成不良影响的入侵植物进行清除，采取相应的防治措施进行控制，清除面积约 5 hm^2。一般采用机械法、化学法、人工法三者有机地结合起来进行清除。

（2）红树林保护。东涌河及沿线原状红树林，本次设计内容为保持现状，施工过程做好保护和监测。

5.6.2 地形整理工程

在本项目中，现有鱼塘硬质驳岸需要进行拆除，以利于之后场地进行整理。

（1）场地清杂。现有部分场地为空地或杂草区，需进行场地清杂，清除面积为 62171 m²。

（2）土方工程。地形的塑造需要通过土方工程实现。在本项目中，地形塑造主要为鱼塘驳岸的生态修复。具体的地形改造方法如下：在进行改造之前首先是鱼塘养殖场区域硬质混凝土驳岸及硬质地表铺装的拆除，恢复土壤的原生态。同时在池塘内回填土方种植红树林，如图 5 – 36 所示。

图 5 – 36 鱼塘驳岸改造示意图

5.6.3 种植工程

1. 红树植物种植

红树林及半红树种植总面积 5.2 hm²，其中红树 3.12 hm²，半红树 2.08 hm²。红树结合片区现有红树种类及其种群组成特征，建议种植种类以海漆、白骨壤、桐花树、秋茄等为主。种植时应充分考虑不同品种的生态序列，按照生态序列由前到后（即从低水位到高水位），品种分别采用桐花树、秋茄、老鼠簕、红海榄。

2. 湿地种植设计

建议选用观赏效果及生态效益较好的植物品种，采用挺水植物、浮叶植物、沉水植物相结合的种植方式。挺水植物建议选用品种：芦苇、黄鸢尾、旱伞草、蜘蛛兰等。浮叶植物建议选用品种：睡莲、芡实、萍蓬草等。沉水植物建议选用品种：苦草、黑藻、马来眼子菜等。

3. 陆生植物

主要选用园林植物、乡土植物以及花卉植物。

园林植物主要植物种类有：凤凰木、朴树、富贵榕、大腹木棉、红果冬青、秋枫、黄花风铃木、水翁、黄瑾、黄葛榕、海南蒲桃、水黄皮、落羽杉、白千层、水榕、池杉、水杉、澳洲白千层、细叶白千层、三角枫、栀子、马甲子、银合欢、海檬果、蒲葵、椰子、加拿利海枣、木麻黄、刺桐、大夜合欢、椰榆、木棉、假苹婆、勒杜鹃、福建茶、海桐、海滨木槿、龙舌兰等。

乡土植物恢复：对山体部分植被进行恢复种植，主要采用适生性较强的乡土树种。建议选用乔木品种：黎蒴、山乌柏、红椎、阴香、荷木、枫香、大头茶、八角枫、米老排、深山含笑、樟树等。建议选用灌木品种：野牡丹、桃金娘、豺皮樟、山苍子、米碎花、车轮梅、岗松、盐肤木等。

花海设计：为了营造花海的景观效果，选择先花后叶、花色艳丽且花期较长的深圳本地开花乔木。专家评审中提及开花植物选择串钱柳,然而串钱柳多植于滨水空间,枝干不斜生,整个群落外貌较凌乱,缺乏清晰的轮廓线,因此串钱柳仅在道路临水侧种植。综合参考相关研究,植物选择主要有串钱柳、羊蹄甲、红花羊蹄甲、大花紫薇、海南菜豆树、重阳木等。种植密度上山体侧选择花色艳丽的羊蹄甲、红花羊蹄甲、大花紫薇作为骨干种植树种,约占80%,剩余20%种植海南菜豆树及重阳木作为常绿背景。

4. 地被种植

为营造出生态自然的景观氛围,在该区域主要选择自然型草本植物,如斑叶芒、细叶芒,同时针对水体周边种植开花水生植物如水生美人蕉、再力花、冷水花、千屈菜等。

种植工程平面图如图5-37至图5-40所示。

图 5-37　种植工程平面图 1

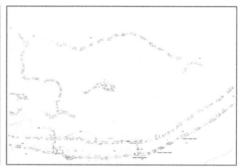

图 5-38　种植工程平面图 2

图 5-39　种植工程平面图 3

图 5-40　种植工程平面图 4

5.6.4　市政景观及配套工程

主要市政景观及配套设施包括绿道、园路、湿地栈道、空中栈桥、生态铺装、景观廊架及标识系统。

绿道:山体一侧建议设置绿道,方便东西涌穿越路线上的游人游览。设置路宽4 m,融合自行车道及人行道,建设长度1254 m。

园路:园路起到连接绿道、栈道以及各个景点的功能,采用功能性路面的形式。总面积约4184 m²,其中主园路为1478 m²,次要园路为2706 m²。

湿地木栈道:红树林湿地园以湿地展示为目的,以栈道为纽带,连接湿地景观。木栈道宽度2 m,面积约2500 m²,材料为混凝土结构外包竹木。

空中栈桥：为尽量减少建设对场地及鸟类的干扰，建设空中栈桥，不同高度观赏红树林湿地景观、淡水湿地景观。空中栈桥建设宽度在 2.5～7 m，建设面积约 3575 m²，材料为钢结构外包竹木。

景观廊架：设计景观廊架共三处，廊亭主要采用竹木及不锈钢材质。线条简洁，明快，体态轻盈，能较好地融入自然环境中。并且在设计中，具有一定的功能性、艺术性。

标识系统：设计为突显当地人文特色，以本土植物元素以及海洋文化为依据，设计以树叶、帆船作为雏形，以镀锌钢板为主要材料，构建地区特色性标识。同时参照万里碧道要求，在外围和绿道内增加标识标牌和指引等。

观鸟屋：本项目设计观鸟屋一处，采用仿木质材料构建的观鸟屋对鸟类的生活干扰最小，并采取多层建设，满足不同垂直高度鸟类的观察需求，如图 5-41 所示。

图 5-41　观鸟屋示意图

5.6.5　湿地生态水环境工程

（1）岸线修复。湿地园现有岸线主要为自然式岸线，如图 5-42 所示。

改造措施如下：

在不影响东涌河行洪的前提下，恢复滩涂湿地红树林群落。

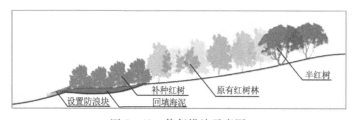

图 5-42　修复措施示意图

（2）湿地园补水。湿地园补水包括四部分：一是截洪沟收集山水，通过管涵与水塘连通；二是潟湖与湿地之间通过管涵及缺口联系，内外水体相互交换，提升区域水环境，使海水涨落潮同步；三是东涌污水处理厂尾水，经管道排入湿地园；四是从东涌水库坝下东涌河内新建一小型泵池，抽水至人工湿地内，补充人工湿地内用水。

（3）给水工程。园区用水量主要为园区绿化浇洒用水、卫生间冲洗用水。根据公园规划人口及游客数量及绿化面积等计算，预测红树林湿地园最高日生活用水量为 39.5 m³/d，日变化系数采用 $K_d = 1.18$，时变化系数采用 $K_h = 1.30$，最高日最高时生活用水量为 5.6 m³/h。

消防用水量：同一时间火灾次数为 1 次，一次灭火用水量为 10 L/s。

水源：根据在编《给水系统整合研究与规划》（2017.04），湿地园用水由市政给水供给。

给水管道布置：给水管道由红树林湿地园外市政道路上给水管网接入给水支管，管径为 110 mm，长约 1900 m，如图 5 - 43 所示。

图 5 - 43 给水工程示意图

（4）污水工程。园区污水主要为自然学校内的洗手间产生，新建化粪池沉淀后，接入市政污水管内，流入东涌污水处理站处理净化。

5.6.6 海绵设施工程

本项目运用海绵城市技术形成"林地集水、路面渗水、湿地净水、湖面蓄水"的低影响开发雨水系统。雨水通过"海绵体"下渗、滞蓄、净化、回用。设置了生态草沟，硬地透水化园路。广场采用渗水铺装，嵌草砖、透水混凝土等透水性材料及设计低洼式绿地。通过对湿地池塘、雨水花园、下凹绿地等设施进行滞水。利用鱼塘湿地进行蓄水。

5.6.7 照明监控工程

（1）架空栈桥灯景：灯光设计主要强调步行、休闲小尺度步行道的空间体验。为减少强光源对鸟类的干扰，设计上选择简洁、小巧精致的地灯，营造桥上的灯光环境。

（2）湿地园路灯景：灯光设计主要强调滨水、自然、休闲的湿地体验。为体现湿地幽静自然的气氛配以矮柱灯或射树灯，避免强光污染。

（3）广场灯景：灯光设计主要强调休闲的城市体验。在城市湿地节点上配合装饰性灯柱、矮灯柱、泛光灯等月光型光源，烘托城市广场气氛。

（4）科研监测体系：运用多种科研监测工具建立起科研监测体系，是保证公园健康发展和顺利建设的重要保障，同时也是开展湿地园建设效益监测和评估的重要手段。

（5）监控指挥中心：在自然学校设置监控指挥中心，在灾害天气等应急情况下为指导人群避难提供主要依据。在园区设置监控及广播系统，紧急情况下便于疏散人流。形成完整的应急避难体系。同时，建立园区人流智能管理体系，实时了解园区人流组织方向及入园人数，便于管理及疏散。

照明监控工程如图 5 - 44 至图 5 - 45 所示。

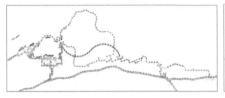 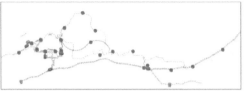

图 5 - 44　照明工程示意图　　　　图 5 - 45　湿地监控工程示意图

5.6.8　水土保持工程

根据本项目水土流失防治区的水土流失特点、防治责任和防治目标，遵循治理与防护相结合、植物措施与工程措施相结合、治理水土流失与恢复自然景观相结合的原则，对项目区采取系统的防治措施，形成完整的水土流失防治体系。永久排水、绿化主体已有设计，本方案设计重点为施工期临时措施。

根据本项目水土流失防治区的水土流失特点，本项目水土保持措施主要为施工准备期、施工期、施工后期、自然恢复期四个阶段。

施工准备期：设置施工围挡、设置洗车台、临时排水沟。

施工期 - 恢复期：多级沉砂池、覆盖土工布、永久截排水设计、永久入渗措施设计、永久蓄水滞洪措施、生态覆绿。

5.7　建设过程

本项目于 2019 年 12 月 1 日开工，2020 年 4 月至 2020 年 11 月期间因场地移交事宜项目暂停施工，至 2022 年 6 月 29 日竣工。

项目建设过程以图片形式进行展示。

2019 年 5 月 17 日摄

2019 年 12 月 17 日摄

2020 年 7 月 5 日摄

2020 年 11 月 21 日摄

2021 年 5 月 18 日摄

2021 年 7 月 10 日摄

2021 年 8 月 7 日摄

2021 年 9 月 26 日摄

2021 年 10 月 28 日摄

2021 年 11 月 18 日摄

2021 年 12 月 3 日摄

2021 年 12 月 14 日摄

2022 年 3 月 7 日摄

2022 年 4 月 5 日摄

2022 年 5 月 19 日摄

2022 年 6 月 21 日摄

第6章 六位一体原生态防治一体化系统

东涌红树林湿地处于东涌河潟湖区，原有水体自然景观受潮汐影响明显，退潮后水体景观也退去，为增加湿地区全天候水体景观，同时增加湿地区淡水的蓄积，本次调查红树林湿地园设计了人工湖湿地区。因考虑现有水文地理地貌等特征，采取水资源"六位一体"原生态防治一体化，它是新一代人工湖水资源保持与全生态水景观管理方案，与海绵城市、水资源综合利用概念相辅相成，同时响应了国际环保组织"低影响开发雨水系统构建"号召，最大限度保持、利用水资源，充分利用雨水、再生水、河流水、地表湖泊水等富营养化水源，经过人工集水、蓄水、防渗、生态净水、生态水质保持工艺，让湖区水"活起来"。

6.1 项目简介

东涌红树林湿地园西北侧湿地体验区作为人工湖，生态修复水体面积约 3.5 万 m²。

建设内容为：湖区防渗工程以及湖区水生态系统构建工程（生态系统复位、水生植物群落恢复，主要为沉水植物恢复；浮游 – 底栖双食物网构建；生态系统调整与优化）。

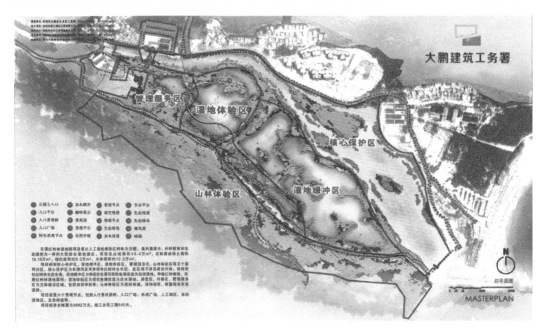

图 6 – 1 平面效果图

建设目标为：沉水植物恢复60%以上覆盖率，水体长期自然维持清水态，年均透明度1.5m以上；维持良好水质：水体主要富营养指标（总磷、氨氮、COD、溶解氧）达到《地表水环境质量标准》（GB 3838—2002）Ⅲ类标准（除暴雨期外），杜绝水体黑臭；食物网结构健康完善，生物多样性大幅增加。

6.2 项目现状

人工湖区地质基础大部分为砂卵石基础，基础层形成了一层强透水层，地下水与东涌河相连，且东涌河连接大亚湾海域，此区域为感潮段，地下水位高，导致地下水盐碱度较高，且此湖区水位随涨潮落潮同步变化，需进行专项设计确保人工湖水体和地下水隔绝专项方案。

人工湖区为非流动水源，水体水质会逐步浑浊、变坏，如何保持清澈景观效果，需进行专项方案。

东涌降雨量丰富，但存在明显季节性差异，冬春季节旱季降雨量偏少，无水源补充，需从东涌河向湿地补充淡水。

6.3 解决方案

6.3.1 技术路线

"六位一体原生态防治一体化系统"依据生态治理原理，首先通过天然钠基膨润土防水毯的防水功能、透气而不透水功能以及允许水生植物根系穿透的生态保障功能，保证防渗效果及水生动植物的生长。再通过丰富的沉水植物、水生动物及微生物品种来形成多层次、互补共生的水生生物链，构建水下食物链系统，降解、固定或转移水中污染物和营养成分，使得进入水体的氮、磷等富营养物质通过一系列复杂的植物转化、吸收过程，最终以植物蛋白转化为动物蛋白（沉水植物被鱼类等吸食）、沉水植物直接收割上岸的形式被转移出水体，从而构建完善的水生植物（生产者）、水生动物（消费者）和微生物（分解者）系统，并使之形成良性循环从而恢复和提高水体应有的"生物自净"能力。

其主要核心系统包括"三位一体"原生态防渗系统和"三位一体"原生态修复系统。"三位一体"原生态防渗系统：由承重基层系统、天然钠基膨润土防水毯防渗系统、回填保护层系统共同构成一个整体的原生态防渗系统。"三位一体"原生态修复系统：由浮游生物种群、水生植物群落、水生动物群落构成一个完整的原生态治水系统。

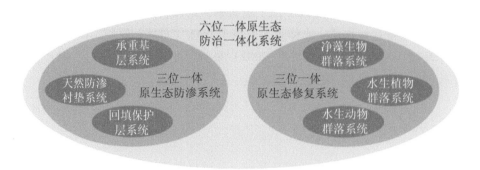

图 6-2 "六位一体原生态防治一体化系统"组成

6.3.2 技术措施

1. 关于海水反渗以及湖水渗漏

由于该项目同时存在海水反渗以及湖水渗漏问题需要解决，所以对防渗材料要求非常高，既要满足海水的侵蚀以及反渗，又要保证湖水不渗漏，综合上述采用"抗盐碱覆膜型天然钠基膨润土防水毯"作为防渗材料以及特殊的自然搭接工艺（二道膨润土干粉一道专用密封膏）可以完美解决上述问题。

抗盐碱覆膜型天然钠基膨润土防水毯是由一层 HDPE 膜与一层改性膨润土防水毯组成双层防渗效果的一种防渗材料，通过 HDPE 膜的耐盐碱性对海水进行初步阻挡，防止海水反渗对防水毯的直接冲刷。再通过改性膨润土防水毯遇水膨胀形成一层致密且具有抗盐碱的胶凝体隔离层，阻止海水的反渗以及湖水的下渗。

其特殊的自然搭接工艺为：HDPE 膜与膜的搭接采用膨润土专用密封膏，防水毯与防水毯的对向搭接采用二道膨润土干粉，这样的搭接方式双层保险了防水毯搭接部位不会出现渗水以及海水反渗现象。膨润土专用密封膏是一种柔性搭接材料，具有密封性、黏结性、不固化性等，如图 6-3 至图 6-7 所示。

图 6-3 防水毯

图 6-4 膜与膜的搭接

图 6-5 特殊搭接工艺

图6-6 天然钠基膨润土 　　　　图6-7 天然钠基膨润土

2. 关于雨季施工

雨季施工对防渗材料以及施工工艺要求非常高。

由于雨季施工防渗材料无可避免会泡水，所以要求防渗材料具有泡水甚至反复泡水以后还能够具备防渗功能。为了达到这一功能，需要对常规防水毯进行各项技术指标升级，特别是膨润土单位面积质量需要提升至 6.0 kg/m² 以上，剥离强度提升至 150 N 以上，拉伸强度提升至 1000 N 以上，最大负荷伸长率提升至 15% 以上，达到以上技术指标的防水毯才能够更好地锁住膨润土颗粒在泡水状态下不会流失，才具有泡水反复膨胀的功能，保证防渗效果。检测报告如图6-8所示。

雨季湖底施工具体措施为：把需要马上铺设的区域以排水沟的方式进行分块划分，如图6-9所示，排水沟与集水井相连，并采用抽水泵不间断抽水。每铺设一块区域防水毯，随即回填黏土保护层，分区域分块施工保证防渗质量和工期。

图6-8 检测报告 　　　　图6-9 分区域分块开挖排水沟

3. 关于回填保护层土壤改良

回填土最好材料为有机质黏土。因大鹏新区范围内无较好黏土，外运土方多为砂质土，土壤贫瘠，且被水冲刷时砂质土中间的土壤容易流失造成土质板结，不利于水生植物的生长，且该项目在原有的盐碱地质基础上施工，由于周边的雨水汇集，易带入部分周边土质中的盐分进入湖体，导致湖水盐碱度较高，对整个水生态系统的构建影响较大。

对砂质土进行底质改良处理：先对基础进行翻土处理，再通过底泥活化剂增加土壤微量元素，最后撒有机肥，促进沉水植物生长。如图6-10至图6-11所示。

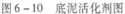

图6-10 底泥活化剂图　　　　　　　　　图6-11 有机肥图

湖水盐碱度较高处理方法：

（1）对于沉水植物种植：必须采用改良后耐盐碱度较好的沉水植物，如图6-12所示。

（2）对于水生动物投放：必须采用野生经过驯化能够适应较高盐碱度的水生动物，如图6-13所示。

（3）对于净藻生物种群投放：必须采用经过驯化后能够适应较高盐碱度的净藻生物种群，如图6-14所示。

图6-12 改良耐盐碱度沉水植物　　　　　　图6-13 改良水生动物

图 6 - 14 改良净藻生物种群

6.4 技术应用

六位一体原生态防治一体化系统主要由三位一体原生态防渗系统和三位一体原生态修复系统组成，如图 6 - 15 所示。

三位一体原生态防渗系统为六位一体原生态防治一体化系统的基础，尤其是对于项目所属区域地质条件及施工环境较差的项目而言，防渗效果好坏将直接影响下一步人工湖蓄水、水质保持及水下景观构建的效果。

三位一体原生态治水系统为六位一体原生态防治一体化系统的核心：采用浮游动物＋沉水植物＋鱼类、螺类、贝类等水生动物为主体的全生物解决方案，形成完整水下生物链，重建健康的水下双食物链生态系统，实现水中营养成分的自然转换，用水生动、植物取代藻类成为水体主导物种。沉水植物通过自身生长吸收，以及光合作用氧化分解水中营养物质，来消减水中过剩养分，起到降低营养盐含量的作用，而浮游、鱼、虾、螺、贝类水生动物则以沉水植物为食，帮助提高富营养转化能力，维持水体营养平衡，从而恢复水体自净能力和自身对污染的免疫力，而且能消耗二氧化碳改善环境，真正达到"负碳"。

六位一体原生态防治一体化系统构建后，水质可长期保持，终年不需要换水，使水体本身具有自净功能。无蓝藻污染出现，无黑臭现象，水质长效保持清澈，透明度可以常年达到 1.5 m 或以上。水下景观充满生机，水底布满沉水植物，鱼虾嬉戏其中，恢复自然优美水景，充分展现出生态、和谐、优美的"水下花园"景观。还能与陆上园林中的草地完美结合，相互辉映，呈现岸边有青草，水中有青草，陆上水中生机盎然的田园风光。

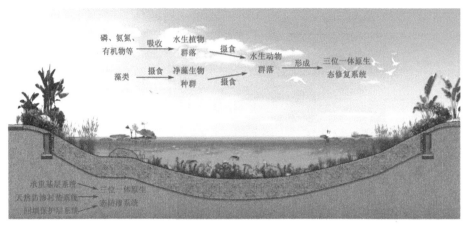

图 6-15 六位一体原生态防治一体化系统原理图

6.4.1 三位一体原生态防渗系统

三位一体原生态防渗系统中的天然钠基膨润土防水毯是一种土工合成材料，由高膨胀性的天然钠基膨润土填充在特制的复合土工布和无纺布之间，近年来被广泛用于人工湖泊水景、垃圾填埋场等防渗工程中。防水毯是用针刺法制成的膨润土防渗垫，形成许多小的纤维空间，遇水时在垫内形成均匀高密度的胶状防水层，有效地防止水渗漏。天然钠基膨润土膨胀时，为自身体积的 13～15 倍，能吸收 6 倍于自身重量的水，这样膨胀的膨润土所形成的高密度胶体具有排斥水的性能，并具有一定的整体抗剪强度和延伸性。

1. 三位一体原生态防渗系统的特点

（1）密实性：钠基膨润土在水压状态下形成高密度横隔膜，厚度 3 mm 时，它的透水性为 8×10^{-9} cm/s 以下，相当于 100 倍的 30 cm 厚度黏土的密实度，且具有微弱的渗透呼吸功能，保证了人工湖水的原生态，维护人工湖的自然生命。

（2）持久性：因为钠基膨润土为天然无机材料，即使经过很长时间或周围环境发生变化，也不会发生老化或腐蚀现象，因此防水性持久。

（3）柔软性：可随不同地形、不同基础进行变形，与其他防渗材料相比抗不均匀沉降和抗张应变能力强。

（4）施工简便：与其他防水材料比较，施工相对比较简单，不需要加热和黏贴。只需用膨润土粉末和钉子、垫圈等进行连接和固定。

（5）适应性强：在寒冷气候条件下也不会脆断，可耐 -32℃ 寒冷气温，在高温受热干缩复水后裂缝可自动愈合。

（6）自我修复性：由于膨润土遇水膨胀的特点，对于直径小于 2 mm 的植物根系穿刺后可自我修复。

（7）绿色环保性：膨润土为天然无机材料，对人体无害无毒，对环境没有特别的影响，具有良好的环保性能。

2. 三位一体原生态防渗系统质量控制

（1）天然钠基膨润土防水毯中的膨润土必须采用天然钠基膨润土，不能采用人工钠化膨润土。

由于天然钠基膨润土主要组成矿物蒙脱石层间的钠离子在漫长的地质年代中自然固定在晶层之中，水化钠离子是造成蒙脱石具有膨胀性和凝胶性的关键。而人工钠化膨润土用添加纯碱的方式强行置换，这样进入蒙脱石层间的钠离子不牢固或仅停留在表面，同时被碱（碳酸钠）置换出来存在于膨润土中形成的氢氧化钙也是具有活性的。在一定条件下（如 CO_2 存在或 pH < 7.8），这些电荷量大的钙离子又会逐渐进入蒙脱石层间，赶出钠离子，使钠化失效，再次恢复钙基膨润土（钙基膨润土膨胀时，其膨胀系数仅为自身体积的 3 ～ 5 倍；而天然钠基膨润土膨胀时，膨胀系数为自身体积的 13 ～ 15 倍），则膨胀性和胶体性就大幅回落，使其防水性慢慢消失，最终出现漏水现象。

（2）湖底基础的处理。天然钠基膨润土防水毯对基础的要求相对较低，在原有湖底基础上夯实平整，夯实度达到85%以上，确保不会出现下沉，表面不能有尖锐的突出物和明显的坑洞就可以铺设。

（3）驳岸的处理。自然驳岸处理：自然驳岸从超过水位线 200 mm 以上开始放坡，按 1：3 的放坡比进行夯实平整，达到加强型覆膜天然钠基膨润土防水毯铺设要求；在自然驳岸水位线 200 mm 以上挖 400 mm × 400 mm 凹形的压边沟，以固定防水毯，防止下滑。

垂直驳岸处理：垂直驳岸一般采用砼结构，不能有裂缝和空洞，阴阳角处尽量倒角，倒角半径应≥50 mm；加强型覆膜天然钠基膨润土防水毯铺设完成后，应尽快用 M7.5 砂浆砌筑 120mm 厚砖墙保护层。

（4）搭接方法：搭接宽度不应小于 250 mm（软基部位应加宽搭接宽度），在搭接底层加强型覆膜天然钠基膨润土防水毯的边缘处撒上膨润土干粉，其宽度为不小于 5 cm、重量为 0.5 kg/m，并使用膨润土专用密封膏进行密封处理。

6.4.2　三位一体原生态修复系统

三位一体原生态修复系统以富营养化浅水湖泊修复理论为依据，抓住三大核心，采取系统化解决方案。

三位一体原生态修复系统主要由净藻生物种群系统构建、水生植物群落系统构建、水生动物群落构建等组成一个完整的生态系统，通过该系统可以实现水体自净化功能，如图 6-16 所示。其中净藻生物种群主要由专业公司经过特殊驯化、改良后，每日能够吞咽消化大于自身体重数十倍的蓝藻、绿藻和能快速提高水体透明度且耐盐碱能力强的浮游生物。其中水生植物主要由专业公司改良培育后的耐盐碱、四季常绿、矮型、耐寒、耐高温、耐病虫害，生长速度可控的改良水生植物组成。水生动物主要由专业公司培育基地生态驯化，保持原生态习性且耐盐碱能力强的种群组成。

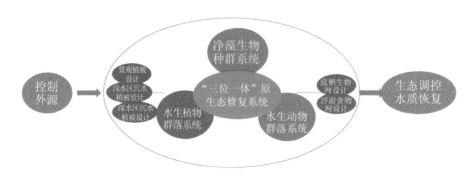

图 6 - 16   三位一体原生态修复系统组成

三位一体原生态修复完成后，水质可长期保持，使水体本身具有自净功能。无蓝藻污染出现，无黑臭现象，水下景观充满生机，水底布满沉水植物，鱼虾嬉戏其中，恢复自然优美水景，充分展现出生态、和谐、优美的"水下花园"景观。还能与陆上园林中的草地完美结合，相互辉映，呈现岸边有青草、水中有青草、陆上水中生机盎然的田园风光。

三位一体原生态治水系统原理：三位一体原生态治水系统是一项综合技术，它的基本思路是以净藻生物种群摄食藻类控制藻类生长、滤食有机悬浮颗粒物等作为启动因子，引起各项生态系统内的连锁反应，继而实现人工构建"水生动物 – 水下森林"共生系统，通过净藻生物种群摄食藻类、水生动物群落滤食浮游生物、水生植物群落吸收营养等形成水下双食物链，恢复沉水植物，发挥沉水植物对营养的净化作用。

三位一体原生态修复系统以人工恢复水体自然净化能力为理念，针对水体中营养丰富、水体透明度低、易产生藻类及沉水植物难以生长等水体存在的问题，采用净藻微生物种群为先导，通过食物链转化，抑制藻类发生，改善透明度、逐步恢复以沉水植物和底栖生物等为代表的较为完善的水体生态系统，具体如下：

第一步：净藻生物种群摄食消化水体中的藻类、有机颗粒和悬浮物，同时产生弱酸性的排泄物，进一步抑制水体藻类的生长。

第二步：水体藻类和悬浮物减少消失后，水体透明度增加，光照进入水底，促进水底沉水植物的生长，并与净藻生物种群形成良好的共生关系。可通过沉水植物吸收大量水体中过多的氮磷等富营养物质，促进氮的硝化/反硝化及磷的沉降，形成水下森林抑制底质再悬浮等多种途径达到水体生态自净能力。

第三步：水生植物恢复后，由净藻生物种群携带有益微生物向水体底部扩散，促进底泥氧化还原电位升高，有利于水生昆虫和水生底栖生物的大量滋生，在水生植物共生作用下，形成底泥营养物质的封存和生态链自净（物质能量的逐步吸收转化）。再逐步向水体中引入螺、贝、鱼、虾类等高级水生动物，浮游动物和水生植物又可以被鱼、虾、螺、贝等高级水生动物吃掉，通过食物链把水体水中的氮、磷营养物质从水体当中转移出去，彻底降低水体中的富营养化程度，长久维持景观水体水质。

（1）净藻生物种群控藻技术

净藻生物种群是一类常在水中浮游、本身不能制造有机物的异养型无脊椎动物和脊索动物幼体的总称。它们或者完全没有游泳能力，或者游泳能力微弱，不能作远距离的移动，也不足以抵拒水的流动力。淡水中主要包括：枝角类、桡足类和轮虫。漂浮的或游泳能力很弱的小型动物，随水流而漂动，是湖泊生态系统的主要消费者之一。它们个体小，数量多，代谢活动强烈，能以浮游植物、细菌、碎屑等为食，控制着藻类和细菌的种群数量和群落结构。浮游植物通过浮游动物被转化成次级产物，将物质和能量传至更高一级消费者；它们又是食物网中更高营养级的鱼类和其他水生动物的饵料，在生态系统的物质循环中起到承上启下的作用。

（2）水生植物群落构建技术

沉水植物不仅是水生生态系统的重要初级生产者，而且是水环境的重要调节者，占据了水生态系统中的关键性界面，对水生态系统中的物质和能量循环起到重要的作用。

沉水植物在维持浅水水体清水态的主要机理包括：

①直接净化水质：直接吸收水中营养盐，主要吸收氮磷等富营养物质。

②强化水体脱氮除磷：硝化/反硝化过程，沉水植物的根、茎、叶表面及底质表层为硝化、反硝化细菌的最佳着生点和场所，有沉水植物的水体可大幅度增强氮的硝化/反硝化能力，达到消去水体中总氮的目的。

③水下森林氧吧：固碳产氧，高富氧水体。

④控藻抑藻：分泌化感物质，通过化感效应，即沉水植物可释放一些酚类等化感物质，抑制藻类的生长和繁殖。

⑤固化底泥，促进沉降：促进悬浮物沉降，抑制底泥再悬浮，大幅降低底泥氮磷营养盐的释放。

⑥光合放氧，促进底质中磷与铁、铝等的结合，促进磷的沉积。

⑦营造生态环境，为水生动物提供栖息场所：为浮游动物、底栖滤食动物、有益微生物群落、鱼虾类等营造良好生存环境，提供栖息场所，有助于丰富生态多样性，提高水体自净效能。

因此，沉水植物是维持水体生态系统稳定与生态多样性的基础，是水体生态修复的关键。稳定的水下生态系统建立成功后，水体中生产者、消费者、分解者将自然形成完整食物链，可对周围环境的不利影响因素产生较强的改善能力，对突发情况造成的生长胁迫具有较强的承受能力。如暴雨导致的突发性水质变差、SS 增多、水位上涨可能造成暂时性能见度急剧下降、水质浑浊，本水下生态系统可在一定时间内通过自身净化能力，在恶劣条件下净化水质，快速提高透明度，且能够达到长期净化水质、保持水体清水态的功能。如图 6 – 17 至图 6 – 18 所示。

图 6 – 17 水下草坪   图 6 – 18 水下森林

（3）水生植物优选改良

优选改良后的水生植物根茎叶发达，光合作用强，可产生大量的氧，提高氮磷等营养元素的吸收、转化效率，同时不长出水面，不易泛滥，养护简单，如图 6 – 19 所示。并具有以下特点：①耐盐碱；②四季常绿；③植株低矮；④形态优美；⑤抗病虫害能力强；⑥净化效率高；⑦耐弱光、耐高温、耐寒；⑧耐污染。

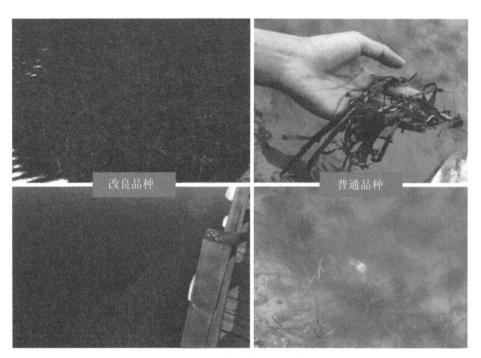

图 6 – 19 改良沉水植物与普通沉水植物效果对比

（4）水生动物群落构建技术

水生动物的放养将充分考虑水生动物物种的配置结构（时空结构和营养结构），科学合理地设计水生动物的放养模式（种类、数量、雌雄比、个体大小、食性、生活习性、放养季节、放养顺序等），如图6-20所示。

水生动物包括鱼类（构建食物网）、底栖动物、虾类及滤食性浮游动物。

通过滤食浮游藻类，有效控制蓝藻水华；N、P通过藻类营养级转化，以鱼产量形式得到固定，进而达到净化水质的目的。

①鱼类选择原则：依据完善生物链、提升景观效果原则。考虑到拟建项目水体水景观需求，兼顾景观效果和生态效应。拟定鱼类有黑鱼等。

②底栖动物：放养种类主要以滤食性的双壳类和刮食性的螺类为主。这些水生底栖动物对水体起着过滤器和沉淀器的作用，可以捕食底质中大量的有机质及腐败的水生植物残体等，大幅度降低底质中有机质含量及营养物质的释放。同时，大型螺类等所释放的某些物质又是水体中天然的絮凝剂，可以降低水中的悬浮物颗粒并吸附大量的氮磷营养盐。河蚌则对水体起过滤作用，如一个壳长10 cm的河蚌，20℃时每天可过滤60升水。这对于后期生态系统的平衡稳定具有重要的意义。因此，出于对良性水生态系统的构建以及水质保护的需要，构建合理的底栖动物群落是十分必要的。

③虾类：落叶、水体中水生植物等形成的有机碎屑以及水生动物的粪便、尸体等形成的有机物质易污染水质，在景观水体中放养一定数量的青虾以摄食有机碎屑，起到净化水质的作用。

需要注意的是：全生态系统中放养的水生动物种类和数量是有特定要求的，不能随心所欲，我们放养水生动物的目的是水质净化、维持生态系统的稳定性，不是以观赏为主，也不是以提高鱼产量为目的。虽然锦鲤、鲤鱼等是人们喜爱的观赏鱼类，但不能随便放养。

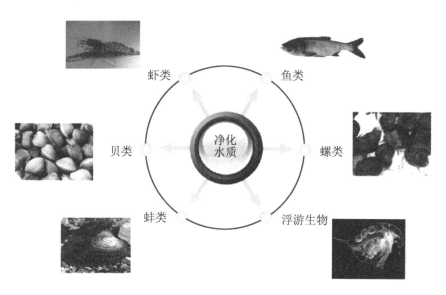

图6-20　食物网构建图

水生动物主要包括鱼类、底栖动物（主要是软体螺贝类）、虾类及滤食性动物等，用于延长食物链，完善水生态系统，同时提高水体的自我净化能力和生态系统稳定性。本项目拟投放的水生动物有：环棱螺，河蚌，青虾，鱼类包括肉食性的鳜鱼、黑鱼等。

（5）生物操纵技术

控制浮游植物和提高透明度是浅水富营养水体恢复的关键，如图6-21所示。浮游植物生物量的控制涉及生物量在生态系统中各组分间的分配。20世纪60年代初欧美水生生物学家研究发现，浮游植物生物量不仅与营养盐有关，而且与浮游动物特别是个体较大的溞属种类（Daphnia）有关，但当食浮游动物的鱼类较丰富时，浮游动物因鱼类的捕食而受到控制，导致浮游植物生物量增加。这就是后来发展的经典生物调控理论：即增加肉食性鱼类控制食浮游动物的鱼类，促进浮游动物生长，从而控制浮游植物，提高水体透明度，进而为大型水生植物，特别是沉水植物的恢复创造条件。

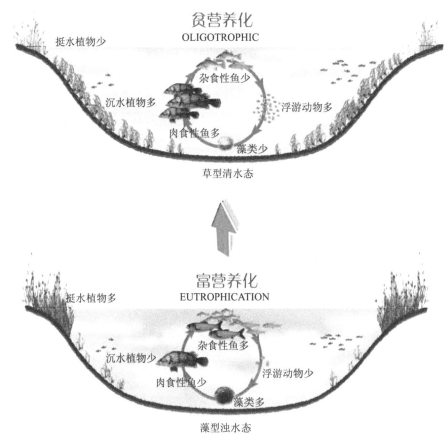

图6-21　生物操纵技术

（6）生态系统平衡调控

施工后期的工作主要是沉水植被的补种、调整，水生动物的监测、调整。根据沉水植被的存活情况，采取沉水植物补种、移栽方式，在成活率较低的区域，按照原种植密度进行补种。根据水生动物的存活情况，采取数量及品种监控方式，将超过设计范围的水生动物品种及数量进行捕捞清除，将少于设计范围的水生动物品种及数量进行补投。如图6-22所示。

一般沉水植物种植要求及水生动物放养要求见施工图，如施工采用的水生动植物对种植及养殖方法有特殊要求的，按照其实际需求对水生动植物进行正确的种植及养殖，确保动植物的存活。

施工过程中，沉水植物种植过程不得影响及破坏原有园林植物的生长，应注意保护工程周边的景观及园林绿化，若必须在陆域动土需征得业主同意，并按照业主要求及社区相关规定施工。

图6-22 生态系统平衡调控

（7）后期运营维护技术

①水域维护方案

水体维护工作是水体水质和生态系统保持健康的一个重要的工作，除了日常的水质保洁外，定期进行水体水质检测工作，根据水体水质，对水体进行增氧，适时补充生态系统有益水生动物，随时调控水生植物生长，优化水生植物结构，保持水体生态稳定平衡。

a. 春季维护

春季是沉水植物生长的旺盛季节，同时青苔的生长也较快，水体的生态系统功能逐步增强，对水体需要进行必要的维护，根据水体的溶解氧情况，及时补充或去除水生动物，并调控水体生态平衡。

在4—5月，水生植物生长迅速，部分沉水植物长出或接近水面，需要进行割除。同时每天进行水体保洁，打捞垃圾；每月对水体进行检测，根据检测结果制定维护工作重点。

春季是各种鱼类的快速繁殖期和生长期，特别是草食性鱼类的繁殖季节，鱼类数量过多，会造成水体生态系统不平衡，影响水生植物的生长和水体透明度，必须对鱼的种类和数量进行调控。

b. 夏秋季维护

夏秋季水生植物生长旺盛，需要每天进行水体保洁工作，每月监测水体水质，根据水质变化情况相应调整工作重点。需要特别注意的是，5月、9月两个月为高温种和冷水种换季的时候，要随时处理水体出现的任何情况。

每次沉水植物收割之后，注意沉水植物管养，以使沉水植物伤口尽快愈合，防止其伤口腐烂，沉水植物死亡。

c. 冬季工作

冬季维护工作主要是水质监测和巡视水域，进行水面保洁。同时，对因低温造成的沉水植物叶冻死和腐烂的情况进行清理，对青苔进行打捞，保证水体水质和景观效果。

②具体维护工作技术内容

a. 日常的水面保洁，清除岸边垃圾和杂草；

b. 清运各个水域产生的垃圾；

c. 根据水体水质情况，进行水体增氧，适时向水体内补充净藻生物种群和浮游动物；

d. 定期进行水质检测；

e. 根据鱼类的数量和种类，即时调控水体内的鱼类结构和数量；

f. 随时割除水体内的沉水植物，避免其长出水面；

g. 对因季节变化造成的沉水植物腐败进行清理和必要的补植；

h. 按照要求对荷花、睡莲进行整修；

i. 对水位进行调控，保证水位满足沉水植物生长要求；

j. 对因气候条件和外来污染造成的水质突然恶化进行应急处理。

6.4.3 补水系统

因大鹏半岛每年11月至次年3月为枯水（旱季）季节，降雨少，天气干燥，人工湖3.5万 m² 水面，蒸发水较多，需进行补水。根据现状，从东涌河上游和水库坝下河道内取水，河床内地埋式泵坑，设置潜水泵一台，此区域河床底标高超过最高潮位为淡水区。每年4月至10月为汛期，降雨多，人工湖可不用补水。在人工湖东侧设置溢流口，降雨时，多余湖水溢流至东涌河，如图6-23所示。

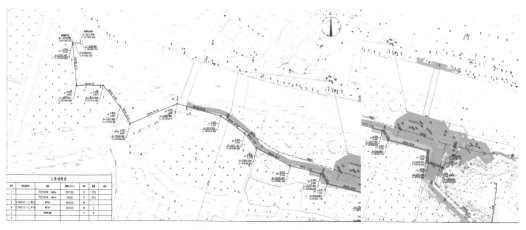

图6-23 补水平面布置图

6.4.4 现场施工工艺

施工工艺：基础换填20 cm黏土夯实平整→抗盐碱覆膜型天然钠基膨润土防水毯铺设→30 cm夯实黏土保护层施工→底质改良处理（消毒、活化、施肥）→水生植物种植→营养盐钝化工程→净藻生物种群投放→水生动物投放→景观喷泉安装→运营维护。如图6-24至图6-36所示。

图6-24 基础平整

图6-25 防水毯铺设

图6-26 回填保护层

图6-27 包柱做法

图6-28 包柱做法

图6-29 底质消毒处理

图 6 - 30　底质活化剂处理

图 6 - 31　施肥处理

图 6 - 32　水生植物种植

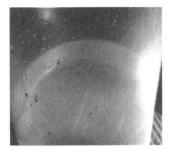
图 6 - 33　投放净藻生物种群

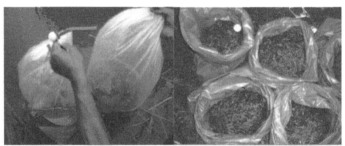
图 6 - 34　水生动物投放

图 6 - 35　水生动物投放

图 6 - 36　景观喷泉图

图 6 - 37　原生态实景 1

图 6 - 38　原生态实景 2

第7章 陆地森林－红树林湿地－海洋生态廊道工程技术范式

生态廊道是指可以产生经济效益和生态效益的连通陆域和水域的通道，供生物在斑块间迁移和扩散，旨在通过对破碎景观的管理和规划，达到保护生物多样性、维持生态过程和生态功能的作用[12]，生态廊道的建立也是生态修复中重要的措施之一。

7.1 陆地森林－红树林湿地生态廊道工程技术范式

东涌红树林湿地园西南侧邻接深圳第二高峰七娘山的余峰，山上生长着原始森林，分布着潺槁木姜子、台湾相思、大叶相思、木麻黄、乌桕、血桐、假苹婆等乡土树种。山脚处有一条入海的沟渠与红树林湿地相邻，因靠近水源，森林中有许多野生动物，如两栖动物黑眶蟾蜍等蛙类、蛇类等。现存有一条宽3 m的道路，如图7-1所示，破坏了此区域原有生物的生境，野生动物由于人类的惊扰以及生境的破坏，阻碍了生物从陆地森林到红树林湿地之间的迁徙，降低了红树林湿地的生物多样性。陆地森林－红树林湿地存在边缘效应，边缘处物种丰富度较高，能够促进不同生态区域间的物质、能量以及信息的传递，因此生态廊道的建立对于陆地森林－红树林湿地的生态平衡显得尤为重要。为了促进廊道内动植物沿廊道迁徙，达到连接破碎生境、防止种群隔离和保护生物多样性的目的，东涌红树林湿地园项目开展了陆地森林－红树林湿地生态廊道工程。生态廊道分为不同的类型，在此区域内采用的是生物廊道，生物廊道主要针对野生动物活动过程中的公路、铁路、水渠等大型人为建筑所设置，有路上式 、路下式、涉水涵洞和高架桥等形式[13]。经过对此区域地形地貌、植被特征和动物的行为规律、廊道所连接的生境斑块等的调查，结合规划目的和区域的具体情况，最终确定4处生物廊道的位置，如图7-2所示。生物廊道的宽度特征对于生物廊道生态功能的发挥有重要意义，它直接影响着物种沿廊道和穿越廊道的迁移效率。每处生态廊道均采用路下式，分别使用2根直径为1.2 m的Ⅱ级钢筋混凝土管作为连接陆地森林与红树林湿地的生物廊道，通过地下走廊的形式把陆地森林与红树林湿地连接起来，以增加物种重新迁入的机会，具体的工程技法如图7-3所示，生态廊道现场图如图7-4至图7-9所示。

图7-1 陆地森林-红树林湿地现状

图7-2 陆地森林-红树林湿地生态廊道位置

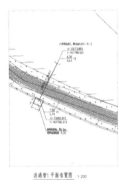

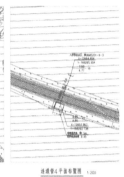

图7-3 陆地森林-红树林湿地生态廊道工程技法

图7-4 生态廊道现场图1

图7-5 生态廊道现场图2

图7-6 生态廊道现场图3

图7-7 生态廊道现场图4

图7-8 生态廊道现场图5　　　　　　　图7-9 生态廊道现场图6

7.2 红树林湿地-海洋生态廊道工程技术范式

　　新改造的红树林湿地与东涌河相邻，20世纪80年代由于围海养殖的破坏，导致湿地水系与河流水系被养殖塘的驳岸隔断，阻碍了湿地内外水体的交换与流通，破坏了湿地生物多样性。东涌河鱼类较为丰富，尤其是入海口，有较多海水鱼活动，同时还有贝类、虾蟹类以及红树植物等海洋生物，红树林湿地与海洋是不同的生态区域，存在边缘效应，边缘处物种丰富度较高，因此建立生态廊道对于恢复湿地内的生物多样性尤为重要，能够促进不同生态区域间的物质、能量以及信息的传递。滨水生态廊道可以增加入渗，减少洪水灾害，为水生动植物提供必需的生命动力，具有提高滨水环境、改善水质、调节水量、恢复生态多样性等水源涵养生态功能。通过考察红树林湿地-海洋边缘生物生境等情况，结合规划目的和区域的具体情况，在上中下游分别设置了三处红树林湿地-海洋生态廊道，如图7-10所示。上游由3根管径80 cmⅡ级钢筋混凝土管与东涌河连通，中游通过设置约15米宽开口与东涌河进行连通，下游由4根管径80 cmⅡ级钢筋混凝土管与入海的沟渠进行连通，通过三处生态廊道，利用潮汐的作用将水系引入湿地园中，将湿地和东涌河有效连通，为水生生物的迁徙提供通道。具体工程技法如图7-11所示，现场图如图7-12至图7-14所示。

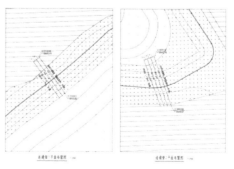

图7-10 生态廊道位置　　　　　　　图7-11 生态廊道工程技法

（a）湿地侧 　　　　　　　　（b）河流侧

图 7 - 12　上游生态廊道现场图

（a）湿地侧 　　　　　　　　（b）河流侧

图 7 - 13　中游生态廊道现场图

（a）湿地侧 　　　　　　　　（b）河流侧

图 7 - 14　下游生态廊道现场图

第8章 东涌红树林的价值

8.1 生态价值

红树林具有强烈的促淤作用，红树林减缓了水流速度，促进悬浮物和有机物的沉积，抬高滩涂，形成陆地。

红树林具有较好的防风功能，可减少台风、强季风等对东涌湿地的损坏。

红树林是捕碳能手，据研究统计，每亩红树林的储碳量最高可达陆地森林的10倍。

红树林有较好的净化功能。红树林对过滤陆地径流和内陆带出的有机物和污染物起到一定净化作用，能有效沉积水中的各种成分，同时将东涌污水处理厂排放的再生水进行二次过滤净化，减缓海洋污染。

红树林是生物多样性丰富的生态系统。红树林下的淤泥中是蟹类、鱼类等多种动物的家园，红树林的树干和树枝是很多甲壳动物的栖身之所，红树林的树冠则是热带海鸟的领地。红树林生态系统结构复杂，生产力高，为众多动物提供觅食、避难和栖居场所，为海洋动物的产卵繁殖、幼鱼的发育提供丰富的饵料和避难场所。红树林为东涌地区营造了良好的动植物生境，提高了生物多样性。

8.2 社会价值

东涌红树林湿地园具有丰富的红树林湿地资源，红树植物奇特的生理生态学特征、物种多样性、红树林生态系统复杂的结构等都是教学实习的理想场所，特别是东涌的海漆林，有较大面积的独特彩叶红树林景观，极具观赏与生态保育价值，为科研工作提供了极为丰富而珍贵的研究对象和内容。

红树林湿地也是公众生态教育活动基地。红树林生态系统为科学普及教育，为人们认识红树林资源、了解自然提供了天然的教育场所，从而提高环境保护意识，促进社会进步和生态文明建设，具有较好的社会效益。

8.3 经济价值

海漆是东涌红树林群落的优势种和建群种，形成了我国少有的面积较大的海漆林。

在每年的 4—6 月花果期出现的多彩红树林景观吸引大批游客，带动当地旅游业的发展。

东涌红树林湿地园的建成，将进一步提高东涌的旅游品质，丰富东涌旅游内容，提升东涌旅游名片的影响力。

东涌红树林湿地园的建成，将作为东西涌穿越线的起止集合点，进一步完善东西涌穿越线，增加游客的体验感，扩大东西涌穿越线的附加值。

红树林湿地有大量蟹类、鱼类，可科学探索开展适量化生态养殖。

红树林湿地园内可科学发展水上游船、团建、游客服务等增值服务项目，增加旅游收入。

附录　东涌红树林照片集

海漆林彩叶期风光 1

海漆林彩叶期风光 2

海漆林彩叶期风光 3

海漆林彩叶期风光 4

红对林退潮期风光 1

红树林涨潮期风光 1

红树林涨潮期风光 2

红树林退潮期风光 2

红树林涨潮期风光 3

红树林退潮期风光 3

红树林涨潮期风光4

红树林退潮期风光4

红树林涨潮期风光 5

红树林涨潮期风光 6

红树林退潮期风光 5

红树林涨潮期风光 7

红树林涨潮期风光 8

红树林退潮期风光 6

红树林退潮期风光 7

湿地生态修复后 1

湿地生态修复后 2

湿地生态修复后 3

红树生态修复后 1

红树生态修复后 2

绿道生态修复后 1

绿道生态修复后 2

人工湿地 1

人工湿地 2

景观人行桥

入口广场特色廊架

自然学校

高空栈桥

木栈桥

湿地栈桥

入口广场

碧道标识

海漆林彩叶期 1

海漆林彩叶期 2

海漆林彩叶期 3

生态驳岸

生态步道

竣工石

凤凰木林

落羽杉林

原木坐凳

林荫小路

水中栈道平台

休闲大草坪

生态排水沟

景观小品

科普牌

指示牌

景观灯

挺水植物

生态树池

自然学校外景

参考文献

［1］张乔民，张叶春，孙淑杰. 中国红树林和红树林海岸的现状与管理［C］. 中国科学院海南热带海洋生物实验站. 热带海洋研究（五）. 北京：科学出版社，1997.

［2］林鹏. 中国红树林生态系［M］. 北京：科学出版社，1947.

［3］缪绅裕，陈桂珠. 全球红树林区系地理［J］. 植物学通报，1996，13（3）：6-14.

［4］林鹏. 中国东南部海岸红树林的类群及其分布［J］. 生态学报，1981，1（3）：283-290.

［5］王文卿，王瑁. 中国红树林［M］. 北京：科学出版社，2007.

［6］杨盛昌，陆文勋，邹祯，等. 中国红树林湿地：分布、种类组成及其保护［J］. 亚热带植物科学，2017，46（4）：301-310.

［7］彭逸生，周炎武，陈桂珠. 红树林湿地恢复研究进展［J］. 生态学报，2008（02）：786-797.

［8］叶有华，喻本德，郭微，等. 深圳东涌红树林生态系统多样性研究（英文）［J］. 生态环境学报，2013，22（2）：199-206.

［9］韦萍萍，昝欣，李瑜，等. 深圳东涌红树林海漆群落特征分析［J］. 沈阳农业大学学报，2015，46（4）：424-432.

［10］张乔民. 红树林防浪效益定量计算初步研究分析［J］. 南海研究与开发，1997（3）：1-6.

［11］郑德璋，李玫，郑松发，等. 中国红树林恢复和发展研究进展［J］. 广东林业科技，2003，19（1）：10-14.

［12］郑好，高吉喜，谢高地，等. 生态廊道［J］. 生态与农村环境学报，2019，35（2）：137-144.

［13］李玉强，邢韶华，崔国发. 生物廊道的研究进展［J］. 世界林业研究，2010，23（2）：49-54.